高等职业教育新形态精品教材

大学生信息技术

主　编　贺　彬　任清华　王　谦
副主编　刘姗姗　刘　莹　樊晓卿
参　编　刘　爽　孙岳岳　高婷婷
　　　　马妍妍　李　宁

北京理工大学出版社
BEIJING INSTITUTE OF TECHNOLOGY PRESS

内 容 提 要

本书结合当前计算机基础教育的形势和任务，按教育部对高等院校计算机信息技术课程的相关要求编写。全书共分为七个项目，主要内容包括信息技术应用概论、计算机基础、Windows 10 操作系统、文字处理基础与应用（Word 2016）、电子表格处理基础与应用（Excel 2016）、演示文稿基础与应用（PowerPoint 2016）、网络技术及信息安全等。

本书可作为高等院校信息技术课程的教材或参考用书，也可作为计算机培训班的教材或自学参考书。

图书在版编目（CIP）数据

大学生信息技术 / 贺彬，任清华，王谦主编. -- 北京：北京理工大学出版社，2023.7
ISBN 978-7-5763-2558-4

Ⅰ.①大…　Ⅱ.①贺… ②任… ③王…　Ⅲ.①电子计算机－高等学校－教材　Ⅳ.①TP3

中国国家版本馆CIP数据核字（2023）第125723号

出版发行／北京理工大学出版社有限责任公司

社　　址／北京市丰台区四合庄路 6 号院

邮　　编／100070

电　　话／（010）68914775（总编室）

　　　　　（010）82562903（教材售后服务热线）

　　　　　（010）68944723（其他图书服务热线）

网　　址／http://www.bitpress.com.cn

经　　销／全国各地新华书店

印　　刷／河北鑫彩博图印刷有限公司

开　　本／787 毫米 ×1092 毫米　1/16

印　　张／15.5　　　　　　　　　　　　　　　　　　责任编辑／钟　博

字　　数／337 千字　　　　　　　　　　　　　　　　文案编辑／钟　博

版　　次／2023 年 7 月第 1 版　2023 年 7 月第 1 次印刷　责任校对／周瑞红

定　　价／43.00 元　　　　　　　　　　　　　　　　责任印制／王美丽

图书出现印装质量问题，请拨打售后服务热线，本社负责调换

FOREWORD 前言

党的二十大报告指出："推动战略性新兴产业融合集群发展，构建新一代信息技术、人工智能、生物技术、新能源、新材料、高端装备、绿色环保等一批新的增长引擎""加快发展数字经济，促进数字经济和实体经济深度融合，打造具有国际竞争力的数字产业集群"。信息技术对社会经济各领域的发展和人们的日常生活有至关重要的影响，对于当代大学生来说，信息技术已经成为日常学习中一种不可或缺的学习技能。

在当今信息时代，信息技术正在成为人类社会发展的重要驱动力。对于大学生来说，掌握信息技术，可以让他们在求职、就业及其他社会活动中具备更多的竞争优势。信息技术对大学生未来发展具有重大的作用，现代教育要求学生全面发展，而信息技术更能决定与体现出学生未来发展的水平。信息技术掌握得好，非常有利于大学生的择业，有利于工作的进行和能力的提高，更能更新知识与提高知识的储备量。

本书内容组织符合实践—理论—再实践的认知规律，采用文字、图和表相结合的知识表现方式，方便教师教学和学生自学。为更加突出教学重点，每个项目前均设置了知识目标、能力目标、素养目标和项目导读，对本项目内容进行重点提示和教学引导；文中还穿插了大量的拓展提高和小提示，对相关内容和重点进行解析；项目小结以学习重点为依据，对各项目内容进行归纳总结，课后练习以选择题和实操题的形式，更深层次地对所学知识进行巩固。通过本书的学习，学生可以掌握许多技能，从而提高工作能力。例如，学习文字处理基础与应用、电子表格处理基础与应用、演示文稿基础与应用等，熟悉计算机网络、Windows 10 操作系统等，以及掌握网络技术和信息安全等，可以让大学生具备更强的工作能力，让他们能够更好地完成工作任务，为他们就业和发展提供有力的支持。

本书共分为七个项目，主要包括信息技术应用概论、计算机基础、Windows 10 操作系统、文字处理基础与应用（Word 2016）、电子表格处理基础与应用（Excel 2016）、演示文稿基础与应用（PowerPoint 2016）、网络技术及信息安全等。

本书在编写过程中参阅了大量文献资料，在此向原作者致以衷心的感谢！由于编写时间仓促，编者的经验和水平有限，书中难免存在待商榷之处，恳请广大读者批评指正。

编 者

CONTENTS 目录

项目一
信息技术应用概论

知识目标

了解信息的定义、分类、特征，以及信息技术的概念，信息素养的概念、表现，信息伦理的定义与内容；熟悉信息技术的分类与发展，信息主体的伦理规范。

能力目标

具备基本的信息素养，在工作和生活中能用信息伦理约束自己的行为。

素养目标

培养学生耐心细致地发现问题，尝试使用各种方法解决问题的能力。

项目导读

信息是客观存在的一切事物通过物质载体所发生的消息、指令、数据、信号等可传送交换的知识内容。信息技术具有很强的渗透、溢出、带动和引领效应，信息技术的创新和广泛应用已经成为培育经济发展新动能、构筑竞争新优势的重要手段。随着以计算机技术、网络技术、通信技术为代表的信息技术的迅猛发展，计算机和互联网在社会各个领域中得到广泛应用，信息素养作为生活在现代社会中的公民所必须具备的基本素质，越来越受到世界各国的关注和重视。党的二十大报告指出，十年来，我国建成世界最大的高速铁路网、高速公路网，机场港口、水利、能源、信息等基础设施建设取得重大成就。基础研究和原始创新不断加强，一些关键核心技术实现突破，战略性新兴产业发展壮大，载人航天、探月探火、深海深地探测、超级计算机、卫星导航、量子信息、核电技术、新能源技术、大飞机制造、生物医药等取得重大成果，进入创新型国家行列。互联网上网人数达十亿三千万人。本项目将从信息、信息技术、信息素养、信息伦理几方面，对信息技术应用进行概要介绍。

任务一　认识信息与信息技术

一、信息的内涵

(一) 信息的定义

信息来源于拉丁语"Information"一词，原是"陈述""解释"的意思，后来泛指消息、音信、情报、新闻、信号等。它们都是人与外部世界，以及人与人之间交换、传递的内容。信息一词被定义为：信息是客观存在的一切事物通过物质载体所发生的消息、指令、数据、信号等可传送、交换的知识内容。

信息是客观世界中各种事物的运动状态和变化的反映，是客观事物之间相互联系和相互作用的表现，表现的是客观事物运动状态和变化的实质内容。信息是无所不在的，人们在各种社会活动中都面临大量的信息。信息是需要被记载、加工和处理的，是需要被交流和使用的。为了记载信息，人们使用各种各样的物理符号及它们的组合来表示信息，这些符号及其组合就是数据。

数据是反映客观实体的属性值，它具有数字、文字、声音、图像或图形等表示形式。数据本身无特定意义，只是记录事物的性质、形态、数量特征的抽象符号，是中性概念；而信息则是被赋予一定含义的、经过加工处理以后产生的数据，如报表、账册和图纸等都是对数据加工处理后产生的信息。应注意一点，数据与信息之间既有联系又有区别，数据虽能表现信息，但并非任何数据都能表示信息；信息是更基本、更直接地反映现实的概念，并通过数据的处理来具体反映。

在人类社会早期的日常生活中，人们对信息的认识是比较宽泛和模糊的，如把信息与消息等同看待。直至 20 世纪尤其是 20 世纪中期以后，由于现代信息技术的快速发展及其对人类社会的深刻影响，信息工作者和相关领域的研究人员才开始探讨信息的准确含义。

拓展提高

信息与数据、消息、信号的关系

（1）数据是事实或观察的结果，是对客观事物的逻辑归纳，是用于表示客观事物的未经加工的原始素材。数据可以存储在某种媒体上并被识别，是信息的载体和表现形式。信息是隐藏在数据背后的规律，需要挖掘和探索才能够发现，是有用的、经过加工的数据，是数据的内容和诠释。数据经过加工处理之后就成为信息；而信息需要经过数字化转变成数据才能存储和传输。

（2）消息是表达客观物质运动和主观思维活动的状态，是信息的依附工具和表现形式。信息是消息的具体内容，如通知："本部门今天10：00在会议室开会"，形式上传输的是消息，实质上从这个消息中获得了通知的具体信息。消息也可以用来指新鲜事，还可以指报道事情的概貌而不讲述详细的经过和细节，以简明的文字迅速及时地报道最新事实的短篇新闻的宣传文书，而信息则没有这种用法。

（3）信号是数据的电子或电磁编码，是传递信息的一种物理现象和过程。它是一个物理词汇，是表示消息的物理量，是消息的载体，从广义上讲，它包含光信号、声信号和电信号等。在通信系统中，系统传输的是信号，但实质的内容是消息。消息包含在信号之中，信号是消息的载体。通信的结果是消除或部分消除不确定性，从而获得信息。

（二）信息的分类

信息分类就是把具有相同属性或特征的信息归并在一起，把不具有共同属性或特征的信息区别开来的过程。从不同角度划分，信息通常可分为以下几类：

（1）按信息特征划分。信息按其特征可分为自然信息和社会信息。

1）自然信息。自然信息是反映自然事物的，如自然界产生的信息（遗传信息、气象信息等）。

2）社会信息。社会信息是反映人类社会的有关信息，如市场信息、经济信息、政治信息和科技信息等。

自然信息与社会信息的本质区别在于社会信息可以由人类进行各种加工处理，成为改造世界和激励发明创造的有用知识。

（2）按管理层次划分。信息按照管理层次可分为战略级信息、战术级信息和作业级信息。

1）战略级信息。战略级信息是高层管理人员制订组织长期策略的信息，如未来经济状况的预测信息。

2）战术级信息。战术级信息为中层管理人员监督和控制业务活动及有效地分配资源所需的信息，如各种报表信息。

3）作业级信息。作业级信息是反映组织具体业务情况的信息，如应付款信息、入库信息。

战术级信息是建立在作业级信息基础上的信息，战略级信息则主要来自组织的外部环境信息。

（3）按信息来源划分。信息按其来源可分为内部信息和外部信息。

1）内部信息。在系统内部产生的信息称为内部信息。

2）外部信息。在系统外部产生的信息称为外部信息（或称为环境信息）。

对管理而言，组织系统的内部信息和外部信息都有用。

（4）按信息加工程度划分。信息按其加工程度可分为原始信息和综合信息。

1）原始信息。从信息源直接收集的信息称为原始信息。

2）综合信息。在原始信息的基础上，经过信息系统的综合、加工产生出来的新的数据称为综合信息。产生原始信息的信息源往往分布广且较分散，收集的工作量一般很大，而综合信息对管理决策更有用。

（5）按信息稳定性划分。信息按其稳定性可分为固定信息和流动信息。

1）固定信息。固定信息是指在一定时期内具有相对稳定性，且可以重复利用的信息，如各种定额、标准、工艺流程、规章制度、国家政策法规等。

2）流动信息。流动信息是指在生产经营活动中不断产生和变化的信息。它的时效性很强，如反映企业的人、财、物、产、供、销状态及其他相关环境状况的各种原始记录、单据、报表和情报等。

（6）按载体划分。信息按载体不同可分为文字信息、声像信息和实物信息。

（三）信息的特征

尽管信息的类型及其表现形式是多种多样的，但都有着各自的特性。一般来说，信息具有以下特征：

（1）普遍性。信息是事物运动的状态和方式，只要有事物存在、有事物的运动，就会有其运动的状态和方式，就存在着信息。无论在自然界、人类社会还是在人类思维领域，绝对的"真空"是不存在的，绝对不运动的事物也是没有的。因此，信息是普遍存在的。

（2）系统性。在实际工程中，不能片面地处理数据，片面地产生、使用信息。信息本身就需要相关人员全面地掌握各方面的数据后才能被得到。信息也是系统的组成部分之一，只有从系统的观点来对待各种信息，才能避免工作的片面性；只有全面掌握投资、进度、质量、合同等各方面的信息，才能做好监理工作。

（3）真实性。信息有真信息与假信息之分。真实、准确、客观的信息是真信息，可以帮助管理者作出正确的决策，虚假、错误的信息则可能使管理者作出错误的决策。在信息系统中，应充分重视这一点，一方面要注重收集信息的正确性；另一方面在对信息进行传送、储存和加工处理时要保证其不失真。

（4）时效性。信息的时效是指从信息源发出，经过接收、加工、传递、利用的时间间隔及其效率。时间间隔越短，使用信息越及时，使用程度越高，时效性就越强。信息的时效性是人们进行信息管理工作时要谨记的特性。信息在工程实际中是动态的、不断产生并不断变化的，只有及时处理数据、及时得到信息，才能做好决策和工程管理工作，避免事故的发生，真正做到事前管理。

（5）依存性。信息本身是看不见、摸不着的，它必须依附于一定的物质形式（如声波、电磁波、纸张、化学材料、磁性材料等），不可能脱离物质单独存在，通常把这些以承载信息为主要任务的物质形式称为信息的载体。信息没有语言、文字、图像、符号等记录手段便不能被表述，没有物质载体便不能存储和传播，但其内容并不因记录手段或物质载体的改变而发生变化。

（6）层次性。信息为满足管理的要求分为不同的层次，即战略级、策略级和执行级。例如，对于某水利枢纽工程，业主（或国家主管部门）关心的是战略信息，如工程的规模多大为宜，是申请贷款还是社会集资，各分项工程进展如何，工程能否按期完工，投资能否得到有效控制等；设计单位关心的是技术上是否先进，经济上是否合理，设计结果能否保证工程安全等；而监理单位为了对业主负责，则对设计、施工的质量、进度及成本等方面的信息感兴趣。它们在工程中同属于策略层。而承包商则处于执行地位，他需要的是基层信息，关心的是其所担负项目的进度、质量及施工成本等方面的情况。如果目标发生了变化，管理层次与信息层次也将随之改变。如对于监理单位来说，该项目的总监理工程师（或称工程师）处于战略地位，受业主委托（或授权）对整个工程的实施进行管理，需要有关承包合同的签订、整个工程的进度、质量与安全、投资控制方面的各类信息；而驻地监理工程师（或称工程师代表）在工程管理中处于策略层，具体负责处理分管项目的进度、投资、质量及合同方面的事务，需要有关的信息辅助决策。监理员作为执行人员，在其所分管的工程部位监督检查承包商的各项施工活动，需要施工的材料、工艺程序、方法、进度等方面的基础信息。

（7）可分享性。信息区别于物质的一个重要特征就是它可以被共同占有、共同享用。如在企（事）业单位中，许多信息可以被工程中的各个部门使用，既保证了各部门使用信息的统一性，也保证了决策的一致性。信息的共享有其两面性，一方面有利于信息资源的充分利用；另一方面也可能造成信息的贬值，不利于保密。因此，在信息系统的建设中，既需要利用先进的网络和通信设备以实现信息的共享，又需要具有良好的保密安全手段，以防保密信息的扩散。

（8）价值性。信息是经过加工并对生产经营活动产生影响的数据，是劳动创造的一种资源，因而它是有价值的。索取一份经济情报或利用大型数据库查阅文献所付的费用是信息价值的部分体现。

（9）可加工性。人们可以对信息进行加工处理，把信息从一种形式变换为另一种形式，并保持一定的信息量。基于计算机的信息系统处理信息的功能要靠人编写程序来实现。

（10）可存储性。信息的可存储性即信息存储的可能程度。信息的形式多种多样，它的可存储性表现在能存储信息的真实内容且不发生畸变，能在较小的空间中存储更多的信息，储存安全而不丢失，能在不同形式和内容之间很方便地进行转换和连接，对已储存的信息可随时随地以最快的速度检索所需的内容。计算机技术为信息的可存储提供了条件。

（11）可传输性。信息可通过各种各样的手段进行传输。信息传输要借助一定的物质

载体，实现信息传输功能的载体称为信息媒介。一个完整的信息传输过程必须具备信源（信息的发出方）、信宿（信息的接收方）、信道（媒介）、信息四个基本要素。

信息的使用价值必须经过转换才能得到。信息的价值还体现在及时性上，"时间就是金钱"可以理解为及时获得有用的信息，信息资源就可被转换为物质财富。如果时过境迁，信息的价值会大为减小。

二、信息技术

（一）信息技术的概念

信息技术（Information Technology，IT）是指在信息科学的基本原理和方法指导下扩展人类信息功能的技术。一般来说，信息技术是以电子计算机和现代通信为主要手段，实现信息的获取、加工、传递和利用等功能的技术总和，主要包括传感技术、计算机技术、智能技术、网络与通信技术和控制技术。

（二）信息技术的分类

（1）按表现形态的不同，信息技术可分为硬技术（物化技术）与软技术（非物化技术）。硬技术（物化技术）是指各种信息设备及其功能，如显微镜、电话机、通信卫星、多媒体计算机等。软技术（非物化技术）是指有关信息获取与处理的各种知识、方法与技能，如语言文字技术、数据统计分析技术、规划决策技术、计算机软件技术等。

（2）按工作流程中基本环节的不同，信息技术可分为信息获取技术、信息传递技术、信息存储技术、信息加工技术及信息标准化技术。

1）信息获取技术。信息获取技术包括信息的搜索、感知、接收、过滤等，如显微镜、望远镜、气象卫星、温度计、Internet搜索器中的技术等。

2）信息传递技术。信息传递技术是指跨越空间共享信息的技术，又可分为不同类型，如单向传递技术与双向传递技术、单通道传递技术与多通道传递技术、广播传递技术等。

3）信息存储技术。信息存储技术是指跨越时间保存信息的技术，如印刷术、照相术、录音术、录像术、缩微术等。

4）信息加工技术。信息加工技术是对信息进行描述、分类、排序、转换、浓缩、扩充、创新等的技术。

5）信息标准化技术。信息标准化技术是指使信息的获取、传递、存储、加工各环节有机衔接与提高信息交换共享能力的技术，如信息管理标准、字符编码标准、语言文字的规范化等。

（3）按信息设备的不同，把信息技术分为电话技术、电报技术、广播技术、电视技术、复印技术、缩微技术、卫星技术、计算机技术、网络技术等。

（4）按技术的功能层次不同，可将信息技术体系分为基础层次的信息技术（如新材料技术、新能源技术），支撑层次的信息技术（如机械技术、电子技术、激光技术、生物技术、空间技术等），主体层次的信息技术（如感测技术、通信技术、计算机技术、控制技术），应用层次的信息技术（如文化教育、商业贸易、工农业生产、社会管理中用以提高效率和效益的各种自动化、智能化、信息化应用软件与设备）。

（三）信息技术的发展

从古至今，人类共经历了五次信息技术的重大发展历程。每次信息技术的变革都对人类社会的发展产生了巨大的推动力。

（1）语言的创造：从猿向人转变时发生。劳动创造了人类，人类创造了语言，获得了人类特有的交流信息的物质手段，有了加工信息的特有的工具概念。

（2）文字的发明：发生于原始社会末期。它使人类信息传递突破了口语的直接传递方式，使信息可以储存在文字里，超越直接的时空界限，流传久远。

（3）造纸和印刷术的发明：在封建社会发生的变革。这一发明扩大了信息的交流和传递的容量与范围，使人类文明得以迅速传播。

（4）电报、电话、电视等现代通信技术的创造：发生在19世纪末20世纪初期。这些发明创造使信息的传递手段发生了根本性的变革，加快了信息传输的速度，缩短了信息的时空范围，信息能瞬间传遍全球。

（5）电子计算的发明和应用：20世纪中叶出现的计算机，从根本上改变了人类加工信息的手段，突破了人类大脑及感觉器官加工处理信息的局限性，极大地增强了人类加工、利用信息的能力。

（四）信息技术的发展趋势

我国在"十三五"规划纲要中，将培育人工智能、移动智能终端、第五代移动通信（5G）、先进传感器等作为新一代信息技术产业创新重点发展，拓展新兴产业发展空间。党的二十大报告指出，要推动战略性新兴产业融合集群发展，构建新一代信息技术、人工智能、生物技术、新能源、新材料、高端装备、绿色环保等一批新的增长引擎。

当前，信息技术发展的总趋势是从典型的技术驱动发展模式向应用驱动与技术驱动相结合的模式转变，信息技术发展趋势和新技术应用主要包括以下10个方面。

1. 高速度和大容量

速度和容量是紧密联系的，鉴于海量信息四处充斥的现状，处理高速、传输和存储要求大容量就成为必然趋势。而电子元器件、集成电路、存储器件的高速化、微型化、低价化的快速发展，又使信息的种类、规模以更高的速度膨胀，其空间分布也表现为"无处不在"，在时间维度上，信息可以整合到信息系统初建的80年代。

2. 智能化

随着工业和信息化的深度融合成为我国目前乃至今后相当长的一段时期的产业政策和

资金投入的主导方向，以"智能制造"为标签的各种软硬件应用将为各行各业的各类产品带来"换代式"的飞跃甚至是"革命"，成为拉动行业产值的主要方向。"智慧地球""智慧城市"等基于位置的应用模式的成熟和推广，本质上是信息技术和现代管理理念与环境治理、交通管理、城市治理等领域的有机渗透。

3. 集成化和平台化

以行业应用为基础的，综合领域应用模型（算法）、云计算、大数据分析、海量存储、信息安全、依托移动互联的集成化信息技术的综合应用是目前的发展趋势。信息技术和信息的普及促进了信息系统平台化的发展，各种信息服务的访问结果和表现形式，与访问途径和访问路径无关，与访问设备无关，信息服务部署灵活，共享便利。信息系统集成化和平台化的特点是使信息消费更注重良好的用户体验，而不必关心信息技术细节。

4. 通信技术

随着数字化技术的发展，通信传输向高速、大容量、长距离发展，光纤传输的激光波长从 $1.3\ \mu m$ 发展到 $1.55\ \mu m$ 并普遍应用。波分复用技术已经进入成熟应用阶段，光放大器代替光电转换中继器已经实用；相干光通信、光孤子通信已经取得重大进展。4G、5G无线网络和基于无线数据服务的移动互联网已经深入社会生活的方方面面，并在电子商务、社区交流、信息传播、知识共享、远程教育等领域发挥了巨大的作用，极大地影响了人们的工作和生活方式，成为经济活动中最具发展创新活力的引擎。

5. 虚拟计算

在计算机领域，虚拟化这种资源管理技术是将计算机的各种实体资源，如服务器、网络、内存及存储等，抽象、封装、规范化并呈现出来，打破实体结构之间不可切割的障碍，使用户可以比原本的组态更好的方式来使用这些资源，这些虚拟资源不受现有资源的地域、物理组态和部署方式的限制。一般所指的虚拟化资源包括计算能力和数据存储能力。通常所说的虚拟计算，是一种以虚拟化、网络、云计算等技术的融合为核心的计算平台、存储平台和应用系统的共享管理技术。虚拟化已成为企业 IT 部署不可或缺的组成部分。一般虚拟化技术主要包括服务器虚拟化、内存虚拟化、存储虚拟化、网络虚拟化、应用虚拟化及桌面虚拟化。

在实际的生产环境中，虚拟化技术主要用来解决高性能的物理硬件产能过剩和老旧硬件产能过低的重组重用，透明化底层物理硬件，从而最大化地利用物理硬件。由于实际物理部署的资源由专业的技术团队集中管理，虚拟计算可以带来更低的运维成本，同时，虚拟计算的消费者可以获得更加专业的信息管理服务。虚拟计算应用于互联网上，是云计算的基础，也是云计算应用的一个主要表现，这已经是当今和未来信息系统架构的主要模式。

6. 移动智能终端

目前，除基本通话模块、数据传输模块、网络模块、图像处理模块和并行处理操作系统外，手机上集成了麦克风、摄像头、陀螺仪、加速度计、光线传感器、距离传感器、重力传感器、指纹识别，以及用于定位的 GPS（全球卫星定位系统）模块，这些传感器为手机感受位移、旋转等运动状态，进行语音识别和图像识别，确定自身位置信息提供了硬件支持；而强大的存储和计算能力，使手机可以对这些信息进行数据融合和综合判断。在数据交换方面，手机可作为 TCP/IP 终端节点通过 Wi-Fi、4G、5G 接入本地的 Internet，还可以通过红外传输和蓝牙技术与其他设备进行通信。智能手机逐渐成为人们通信、文档管理、社交、学习、出行、娱乐、医疗保健、金融支付等方面的便捷、高效的工具。

7. 遥感和传感技术

感测与识别技术的作用是仿真人类感觉器官的功能，扩展信息系统（或信息设备）快速、准确获取信息的途径。它包括信息识别、信息获取、信息检测等技术。能够自动检测信息并传输的设备一般称为传感器。传感技术同计算机技术与通信技术一起被称为信息技术的三大支柱。从仿生学观点，如果把计算机看成处理和识别信息的"大脑"，把通信系统看成传递信息的"神经系统"，那么传感器就是"感觉器官"。传感技术是关于从自然信源获取信息，并对之进行处理（变换）和识别的多学科交叉的现代科学与工程技术，它涉及传感器、信息处理和识别的设计、开发、制造、测试、应用及评价改进等活动。获取信息需要依靠各类传感器，包括检测物测量（如质量、压力、长度、温度、速度、障碍等）、化学量（烟雾、污染、颜色等）或生物量（声音、指纹、心跳、体温等）的传感器。信息处理包括信号的预处理、后置处理、特征提取与选择等。识别的主要任务是对经过处理信息的进行辨识与分类，它用被识别（或诊断）对象与特征信息之间的关联关系模型对输入的特征信息集进行辨识、比较、分类和判断。

计算机网络、通信设备、智能手机、智能电视及基于这些信息技术和信息平台的交互方式时刻都在传送着难以计量的巨大数据，这些数据的来源从根本上看都是由各式各样的传感器产生并"输入"到庞大的数据通信网络中，传感与交互技术的发展程度直接影响着信息的来源和处理的效率。随着信息技术的进步和信息产业的发展，传感与交互控制在工业、交通、医疗、农业、环保等方面的应用将更加广泛和深入。传感器与计算机结合，形成了具有分析和综合判断能力的智能传感器；传感器与交互控制技术的进步，广泛地应用于水情监测、精细农业、远程医疗等领域；传感器与无线通信、互联网的结合，使物联网成为一个新兴产业。可以说，传感和识别技术是物联网应用的重要基础，而物联网应用目前与未来将遍及国民经济和日常生活的方方面面，成为计算机软件服务行业的应用重点，也是工业和信息化深度融合的关键技术之一。

8. 信息安全

在信息化社会中，计算机和网络在军事、政治、金融、工业、商业、人们的生活和工作等方面的应用越来越广泛，社会对计算机和网络的依赖越来越大，如果计算机和网络系统的信息安全受到危害，将导致社会的混乱并造成巨大损失。信息安全关系到国家的国防安全、政治安全、经济安全、社会安全，是国家安全的重要组成部分。因此，信息的获取、传输、处理及其安全保障能力成为一个国家综合国力和经济竞争力的重要组成部分，信息安全已成为影响国家安全、社会稳定和经济发展的决定性因素之一。信息安全已成为引人关注的社会问题和信息科学与技术领域的研究热点。党的二十大报告指出，要加强个

人信息保护。

2014年2月，中央网络安全和信息化领导小组宣告成立，集中领导和规划我国的信息化发展与信息安全保障，这标志着网络信息安全已经上升到关乎国家安全战略的高度。中央网络安全和信息化领导小组将着眼国家安全和长远发展，统筹协调涉及经济、政治、文化、社会及军事等各个领域的网络安全和信息化重大问题，研究制定网络安全和信息化发展战略、宏观规划和重大政策，推动国家网络安全和信息化法治建设，不断增强安全保障能力。

9. 以人为本

信息技术不再是专家与工程师才能掌握和操纵的高科技，而开始真正地面向普通公众，为人所用。信息表达形式和信息系统与人的交互超越了传统的文字、图像、声音，机器或设备感知视觉、听觉、触觉、语言、姿态甚至思维等技术或手段已经在各种信息系统中大量出现，人在使用各类信息系统时可以完全模仿人与真实世界的交互方式，获得非常完美的用户体验。

10. 两化融合

两化融合是指电子信息技术广泛应用到工业生产的各个环节，信息化成为工业企业经营管理的常规手段。信息化进程和工业化进程不再相互独立进行，不再是单方的带动和促进关系，而是两者在技术、产品、管理等各个层面相互交融，彼此不可分割，并催生工业电子、工业软件、工业信息服务业等新产业。两化融合是工业化和信息化发展到一定阶段的必然产物。

工业化与信息化"两化融合"的含义：一是指信息化与工业化发展战略的融合，即信息化发展战略与工业化发展战略要协调一致，信息化发展模式与工业化发展模式要高度匹配，信息化规划与工业化发展规划、计划要密切配合；二是指信息资源与材料、能源等工业资源的融合，能极大节约材料、能源等不可再生资源；三是指虚拟经济与工业实体经济融合，孕育新一代经济的产生，极大促进信息经济、知识经济的形成与发展；四是指信息技术与工业技术、IT设备与工业装备的融合，产生新的科技成果，形成新的生产力。

党的二十大报告在二〇三五年我国发展的总体目标中提出，建成现代化经济体系，形成新发展格局，基本实现新型工业化、信息化、城镇化、农业现代化。

知识拓展：人工智能信息技术走进市场，推动多行业发展

知识拓展：新一代信息技术产业迈上新台阶

任务二　认识信息素养与信息伦理

一、信息素养

（一）信息素养的概念

信息素养是指适应信息化需要具备的信息意识、信息知识、信息能力和信息道德，是对传统文化素养的延伸和拓展。具体而言，信息素养应包含以下 5 个方面的内容：

（1）热爱生活，有获取新信息的意愿，能够主动地从生活实践中不断地查找、探究新信息。

（2）具有基本的科学和文化常识，能够较为自如地对获得的信息进行辨别和分析，正确地加以评估。

（3）可灵活地支配信息，较好地掌握选择信息、拒绝信息的技能。

（4）能够有效地利用信息，表达个人的思想和观念，并乐意与他人分享不同的见解或资讯。

（5）无论面对何种情境，能够充满自信地运用各类信息解决问题，有较强的创新意识和进取精神。

（二）信息素养的表现

信息素养主要表现为以下 8 个方面的能力：

（1）运用信息工具。能熟练使用各种信息工具，特别是网络传播工具。

（2）获取信息。能根据自己的学习目标有效地收集各种学习资料与信息，能熟练地运用阅读、访问、讨论、参观、实验、检索等获取信息的方法。

（3）处理信息。能对收集的信息进行归纳、分类、存储记忆、鉴别、遴选、分析综合、抽象概括和表达等。

（4）生成信息。在信息收集的基础上，能准确地概述、综合、履行和表达所需要的信息，使之简洁明了，通俗流畅并且富有个性特色。

（5）创造信息。在多种收集信息的交互作用的基础上，迸发创造思维的火花，产生新信息的生长点，从而创造新信息，达到收集信息的终极目的。

（6）发挥信息的效益。善于运用接收的信息解决问题，让信息发挥最大的社会和经济效益。

（7）信息协作。使信息和信息工具作为跨越时空的、"零距离"的交往和合作中介，

使之成为延伸自己的高效手段，同外界建立多种和谐的合作关系。

（8）信息免疫。浩瀚的信息资源往往良莠不齐，需要有正确的人生观、价值观、甄别能力以及自控、自律和自我调节能力，能自觉抵御和消除垃圾信息及有害信息的干扰和侵蚀，并且完善合乎时代的信息伦理素养。

（三）信息素养的提升

提升信息素养可通过以下途径。

（1）学校教育。学校教育是当前人类汲取知识的主要渠道，也是培养和提高个人信息素养的主要阵地。学校提供的与信息有关的课程、书籍、实验实训条件、师资力量、检索工具等资源，为个人系统化学习信息知识、信息法律、信息经济、信息伦理、信息文化等理论知识，熟练掌握信息工具应用技术技能，提高信息获取、信息处理、信息创造等能力，提供了条件保障。

（2）社会实践。信息素养的培养与提高离不开社会实践，将所掌握的信息理论与应用技能合理运用到日常学习、工作和生活中，不仅可以提高解决问题的效率，也可以促使自身信息素养的进一步提高。

二、信息伦理

（一）信息伦理的概念

信息伦理，是指涉及信息开发、信息传播、信息的管理和利用等方面的伦理要求、伦理准则、伦理规约，以及在此基础上形成的新型的伦理关系。信息伦理又称信息道德，它是调整人们之间以及个人和社会之间信息关系的行为规范的总和。

（二）信息伦理的内容

信息伦理的内容包括个人信息道德和社会信息道德两个方面以及信息道德意识、信息道德关系、信息道德活动三个层次。个人信息道德是指人类个体在信息活动中以心理活动形式表现出来的道德观念、情感、行为和品质，如对信息劳动的价值认同，对非法窃取他人信息成果的鄙视等；社会信息道德是指社会信息活动中人与人之间的关系以及反映这种关系的行为准则与规范，如扬善抑恶、权利义务、契约精神等。

信息伦理的第一层次是信息道德意识，包括与信息相关的道德观念、道德情感、道德意志、道德信念、道德理想等。它是信息道德行为的深层心理动因。信息道德意识集中地体现在信息道德原则、规范和范畴之中。

信息伦理的第二层次是信息道德关系，包括个人与个人的关系、个人与组织的关系、组织与组织的关系、个人与社会的关系、组织与社会的关系。这种关系是建立在一定的权利和义务的基础上，并以一定信息道德规范形式表现出来的。

信息伦理的第三层次是信息道德活动，包括信息道德行为、信息道德评价、信息道德教育和信息道德修养等。信息道德行为即人们在信息交流中所采取的有意识的、经过选择的行动。根据一定的信息道德规范对人们的信息行为进行善恶判断即为信息道德评价。按一定的信息道德理想对人的品质和性格进行陶冶就是信息道德教育。信息道德修养则是人们对自己的信息意识和信息行为的自我解剖、自我改造。

（三）信息主体的伦理规范

组成社会的三大支柱是物质、能量和信息。信息活动是人类社会不断进步、有序发展的保证，是人类社会走向和谐与繁荣的前提。尤其在当今信息社会中，所出现的信息超载、信息污染、贫富不均以及信息的无国界传播或越境数据流等现象，引起了人们对信息伦理问题的关注和研究兴趣。当面对信息污染、信息分化、信息作假等问题时，需要从信息伦理的角度深入思考。美国加利福尼亚大学网络伦理协会认为以下几种行为属于网络不道德行为：

（1）有意地造成网络交通混乱或擅自闯入网络及其相连的系统；

（2）商业性或欺骗性地利用大学计算机资源；

（3）盗窃资料、设备或智力成果；

（4）未经许可而查看他人的文件；

（5）在公共用户场合做出引起混乱或造成破坏的行为；

（6）伪造电子邮件信息。

在信息伦理道德关系中，以信息为主体的社会伦理道德关系占据了重要位置，需要相应的伦理道德规范来进行规范和指引。信息主体一般分为信息生产者、信息服务者和信息使用者。

（1）信息生产者伦理规范。在当今的信息社会中，信息不仅仅用于沟通，而且还作为商品进行经营。在这种情况下，信息生产的道德控制就显得非常重要了。如果信息生产者没有正确的信息伦理道德规范，生产的信息产品在数量和质量上就难以保证，从而造成信息污染，甚至造成大的灾难，阻碍社会进步。当前，信息生产者的不道德行为非常令人担忧，如制造虚假信息、对信息成果的封锁、不加节制地生产大量垃圾信息、为非正当目的生产信息等。

信息生产者的道德规范主要有：第一，准确、客观、真实。尊重客观事实，反映客观规律，做到信息的准确、真实、完整，不弄虚作假、故弄玄虚、哗众取宠。要对使用信息成果所带来的负面效应承担道德责任。第二，及时。信息具有及时性，很多信息过期了就会失效，作为信息生产者需要及时给用户提供相应的信息。第三，适度的保密性。对于自己的发明、专利、技术等，信息生产者为了维护自身利益，允许在一定范围内具有一定程度的保密性。但如果肆意扩大保密范围，就将阻碍人类正常的信息交流，因而应受到社会道德的责难。

（2）信息服务者道德规范。由于互联网的迅速发展，信息服务业蓬勃发展起来。快速发展的信息服务业应建立一个完整的道德规范体系，以保证信息从业人员的正确行为。从

狭义的角度讲，信息服务者的道德规范就是信息从业者的职业道德。信息职业道德是信息工作人员在从事信息职业活动中逐渐形成的道德规范和行为准则。信息职业道德是优化信息服务者、信息使用者、信息生产者之间信息交往、信息行为的有力武器，是信息职业建设中的一个重要组成部分。

（3）信息使用者道德规范。信息生命周期的终点是信息的使用。信息对人类社会的作用，主要取决于信息使用者的道德标准和道德信念。同样一条信息，有人用来造福人类，也有人用来制造灾难。信息使用者的道德规范应包括尊重别人的信息创作权、所有权、隐私权，不歪曲篡改他人的信息，不利用信息进行不正当竞争等违法犯罪行为，要利用信息为社会进步、人类幸福服务。信息使用者主要道德规范如下：

1）基本信息道德原则。

①全民平等原则。一切信息行为需要服从于信息社会的整体利益，每个信息用户享有平等的社会权利和义务，信息网络对每一个用户都应该做到一视同仁。

②社会兼容原则。信息主体间的行为应符合相互认同的规范和标准，个人的信息行为应该被社会所接受，信息用户之间的信息交往应实现行为规范化、语言可理解化和交流无障碍化。

③共享互惠原则。作为信息用户需要认识到，既是信息和服务的使用者和享受者，也是信息的生产者和提供者。当他享有社会信息交往的一切权利时，也应承担社会对其所要求的责任。

2）基本信息行为规范和信息礼仪。例如，在线交流的基本礼仪是：要让信息简明扼要；每条信息集中于一个主题；不要对信息发布者的社会身份做过多猜疑，最好就事论事；不要用学术网从事商业或盈利活动；签名可以包括姓名、职业、单位和网址，但不要超过4行，签名中可选择的信息可以包括住址和电话号码；大写的词只用来突出要点或使题目和标题更醒目，也可以用星号（*）围住一个词使它更突出；慎用讽刺和幽默，在没有直接交流和必要表意符的情况下，你的玩笑也许会被认为是一种批评；必要时采用缩写式等。

➤ 项目小结

本项目系统地介绍了信息的定义、分类与特征，信息技术的概念和发展，以及信息素养与信息伦理的概念。通过本项目的学习，学生可以了解信息的基础知识，培养自身的信息素养与信息道德，自觉维护信息的安全。

➤ 课后练习

1. 简述信息的特征。
2. 简述信息技术的发展历程。

3. 谈一谈你认为未来信息技术的发展趋势是怎样的。

4. 信息素养包括哪些内容？

5. 简述信息素养的主要表现。

6. 简述信息伦理的三个层次。

7. 举例说一说哪些是网络不道德行为。

项目二
计算机基础

知识目标

了解计算机的产生、发展、分类、特点及应用，计算机语言；掌握计算机硬件系统与软件系统的组成，数制转换，数值在计算机中的表示，字符的表示和编码。

能力目标

能按照需求正确选购计算机，能熟练进行进制数间的转换及汉字编码。

素养目标

培养能够运用专业理论、方法和技能解决实际问题的能力。

项目导读

随着微型计算机的出现及计算机网络的发展，计算机应用已渗透到社会的各个领域，计算机已经成为人们工作、学习和生活不可缺少的好帮手，掌握和使用计算机已逐渐成为人们必不可少的一种技能。对于用户而言，一个实际问题就是如何选择一台符合自己需要的好计算机．在购买计算机前，首先要了解计算机的基本组成，并要清楚个人计算机常见的配件类型、品牌及性能技术指标。在计算机中，信息以二进制的形式来表示。计算机语言则是一种特殊的语言，用于人与计算机之间传递信息。本项目将从计算机的诞生与发展，计算机软硬件系统的组成，计算机中信息的表示、存储与编码规则，计算机语言几方面，系统阐述计算机基础理论知识。

任务一　了解计算机的诞生与发展

一、计算机的诞生

在人类文明发展的历史长河中，计算工具经历了从简单到复杂、从低级到高级的发展过程，如绳结、算筹、算盘、计算尺、手摇机械计算机、电动机械计算机等。这些工具在不同的历史时期发挥了各自的作用，而且也孕育了电子计算机的设计思想和雏形。

世界上第一台电子计算机在 1946 年诞生，它的名字是 ENIAC（Electronic Numerical Integrator And Computer），即电子数值积分计算机，如图 2-1 所示。1945 年年底，世界上第一台使用电子管制造的电子数字计算机在美国宾夕法尼亚大学莫尔电机学院成功研制，并于 1946 年 2 月 15 日举行了计算机的正式揭幕典礼。ENIAC 犹如一个庞然大物，重 27 t，占地约为 167 m^2，其由 17 468 个电子管组成，功率为 150 kW，每秒能进行加法运算 5 000 次，乘法运算 500 次，比当时已有的计算装置要快 1 000 倍。

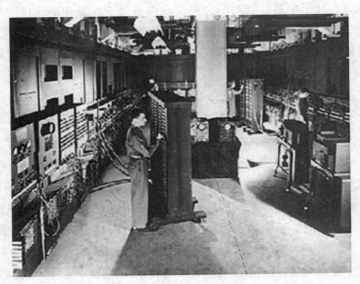

图 2-1　世界上第一台电子计算机 ENIAC

ENIAC 的出现奠定了电子计算机的发展基础，宣告了一个新时代的开始，揭开了电子计算机发展和应用的序幕。

在 ENIAC 的基础上，美籍匈牙利数学家冯·诺依曼研制出电子离散变量自动计算机（Electronic Discrete Variable Automatic Computer，EDVAC），并归纳了其主要特点：

（1）程序和程序运行所需要的数据以二进制形式存放在计算机的存储器中。

（2）程序和数据存放在存储器中，即程序存储的概念。计算机执行程序时，无须人工干预，能自动、连续地执行程序，并得到预期的结果。

根据冯·诺依曼的原理和思想，计算机必须有输入、存储、运算、控制和输出五个组成部分。

现如今，计算机的基本结构仍采用冯·诺依曼提出的原理和思想，人们称符合这种设计的计算机为冯·诺依曼计算机。

知识拓展：中国第一台计算机设计者——夏培肃

二、计算机的发展历程

按照主要元器件的发展阶段来划分，电子计算机的发展历程可划分为四代。

（1）第一代：电子管计算机（1946—1958 年）。1946 年 2 月 15 日，ENIAC 的诞生代表了计算机发展史上的里程碑。1949 年，第一台存储程序计算机——EDSAC 在剑桥大学投入运行，ENIAC 和 EDSAC 均属于第一代电子管计算机。

第一代电子计算机采用电子管作为计算机的逻辑组件，内存储器采用水银延迟线或磁芯，外存储器使用纸带、卡片或磁带。受电子器件的限制，其运算速度仅能达到每秒几千次，内存容量也只有几千字节。当时的计算机软件也处于发展初期，仅使用机器语言作为便携程序，直到 20 世纪 50 年代末才出现了汇编语言。

第一代计算机体积庞大、造价极高且故障率较高，当时仅应用于科学研究和军事研究领域。

（2）第二代：晶体管计算机（1958—1964 年）。随着晶体管在计算机中得以使用，美国成功研制了全部使用晶体管的计算机，第二代计算机便诞生了。

第二代计算机采用晶体管作为计算机的逻辑组件，内存储器采用磁芯，外存储器有磁盘、磁带等。其运算速度也得到了很大的提高，增加到每秒几十万次；程序设计方面，影响最大的是 FORTRAN 语言，随后又出现了 COBOL、ALGOL 等高级语言。

与第一代计算机相比，晶体管的制造技术完全成熟，已逐渐取代电子管，而且晶体管体积小、质量小、成本低、速度快、功耗小。因此，以晶体管为主要器件的第二代计算机已成功应用于大学、军事、商用部门的数据处理和事务处理。

（3）第三代：集成电路计算机（1964—1971 年）。1958 年，德州仪器的工程师 Jack Kilby 发明了集成电路（IC），将三种电子元件结合到一片小小的硅片上，更多的元件集成到单一的半导体芯片上。1962 年 1 月，IBM 公司采用双极型集成电路。

第三代计算机采用小规模集成电路（Small Scale Integration，SSI）和中规模集成电路（Middle Scale Integration，MSI），内存储器采用半导体存储器，外存储器使用磁带或磁盘。其运算速度每秒可达几十万到几百万次。程序设计技术方面也有很大的发展，形成了三个独立的系统，即操作系统、编译系统和应用程序系统。

存储器进一步发展，集成电路计算机的体积更小、质量更轻、价格更低。计算机开始广泛应用于各个领域。

（4）第四代：大规模和超大规模集成电路计算机（1971 年至今）。第四代计算机的逻辑器件采用大规模集成电路（Large Scale Integration，LSI）和超大规模集成电路（Very Large Scale Integration，VLSI）。大规模集成电路可以在一个芯片上容纳几百个元件，超大规模集成电路可以在一个芯片上容纳几十万个元件。在一个仅有硬币大小的芯片上容纳如此数量的元件，使计算机的体积不断减小，价格不断下降，而且功能和可靠性不断加强。计算机的速度可以达到每秒几千亿次到十万亿次。

操作系统向虚拟操作系统发展，应用软件已成为现代工业的一部分，计算机的发展进入以计算机网络为特征的时代。

三、计算机的分类与特点

1. 计算机的分类

（1）按计算机的原理划分。从计算机中信息的表示形式和处理方式（原理）的角度来进行划分，计算机可分为数字电子计算机、模拟电子计算机和数字模拟混合式计算机三大类。

在数字电子计算机中，信息都是以 0 和 1 两个数字构成的二进制数的形式，即不连续的数字量来表示。在模拟电子计算机中，信息主要用连续变化的模拟量来表示。

（2）按计算机的用途划分。计算机按其用途可分为通用计算机和专用计算机两类。通用计算机适用于解决多种一般性问题，该类计算机使用领域广泛，通用性较强，在科学计算、数据处理和过程控制等多种用途中都能适用；专用计算机适用于解决某个特定方面的问题，搭配有为解决某问题的软件和硬件。

（3）按计算机的规模划分。计算机按规模即存储容量、运算速度等可分为巨型计算机、大型计算机、中型计算机、小型计算机、微型计算机、工作站和服务器。

1）巨型计算机：即超级计算机，是计算机中功能最强、运算速度最快、存储容量最大的一类计算机，多用于国家高科技领域和尖端技术研究，是国家科技发展水平和综合国力的重要标志。巨型计算机的运算速度现在已经超过了每秒千万亿次，如我国国防科学技术大学研制的"天河"和曙光信息产业（北京）有限公司参与研制的"星云"。

2）大、中型计算机：运算速度快，每秒可以执行几千万条指令，有较大的存储空间。

3）小型计算机：主要应用在工业自动控制、测量仪器、医疗设备中的数据采集等方面。其规模较小、结构简单、对运行环境要求较低。

4）微型计算机：又称个人计算机（Personal Computer，PC），采用微处理器芯片，微型计算机体积小、价格低、使用方便。微型计算机的种类很多，主要可分为台式计算机（Desktop Computer）、笔记本式计算机（Notebook Computer）、平板计算机（Tablet PC）、超便携个人计算机（Ultra Mobile PC）4 类。

5）工作站：以个人计算机环境和分布式网络环境为前提的高性能计算机。工作站不仅可以进行数值计算和数据处理，而且是支持人工智能作业的作业机，通过网络连接包含工作站在内的各种计算机可以互相进行信息的传送、资源和信息的共享及负载的分配。

6）服务器：在网络环境下为多个用户提供服务的共享设备，一般可分为文件服务器、打印服务器、计算服务器和通信服务器等。

2. 计算机的特点

计算机是能够高速、精确、自动地进行科学计算和信息处理的现代电子设备。计算机的主要特点表现在以下 6 个方面。

（1）运算速度快。运算速度是指计算机每秒内所执行指令的数目。随着新技术的发展，计算机的运算速度不断提高。目前，我国已经研制出每秒万亿次的巨型计算机。

（2）计算精度高。计算机中采用二进制进行编码，而数的精度则是由这个数的二进制码的位数决定的，位数越多精度就越高。目前，计算机的有效数字已经有几十位，精度也可达到上亿位。

（3）具有超强的记忆能力和可靠的逻辑判断能力。计算机中主要通过存储器来记忆大量的计算机程序和信息，如各种文字、图形、声音等，同时将它们转换成计算机能够存储的数据形式存储起来，供以后使用。

计算机的逻辑判断功能是指其不仅能够进行算术运算，还能进行逻辑判断，从而实现计算机工作的自动化，使之模仿人的某些智能活动。

（4）高度自动化和支持人机交互。利用计算机解决实际问题，人们只需要将事先编排好的程序输入计算机中，当指令发出时，计算机便在该程序的控制下自动执行程序中的指令从而完成指定的任务，需要人为干预时，又可实现人机交互。

（5）通用性强。计算机可应用于不同的场合，只需执行相应的程序即可完成不同的工作。

（6）可靠性高。由于采用了大规模和超大规模集成电路，计算机具有非常高的可靠性，可以连续无故障运行几万乃至几十万小时以上。

四、计算机的应用

近年来，计算机技术得到了飞跃发展，超级并行计算机技术、高速网络技术、多媒体技术、人工智能技术等相互渗透，改变了人们使用计算机的方式，从而使计算机几乎渗透到人类生产和生活的各个领域，对工业和农业都有极其重要的影响。计算机的应用领域已渗透到社会的各行各业，正在改变着传统的工作、学习和生活方式，推动着社会的发展。计算机的主要应用领域有以下 8 个方面。

（1）科学计算。科学计算也称为数值计算，即应用计算机来解决科学研究和工程设计等方面的数学计算问题，是计算机最早的应用方面，如在气象预报、天文研究、水利设计、原子结构分析、生物分子结构分析、人造卫星轨道计算、宇宙飞船的研制等许多方面，都显示出计算机独特的计算优势。

（2）数据和信息处理。计算机数据处理包括数据采集、数据转换、数据组织、数据计算、数据存储、数据检索和数据排序等方面。信息处理的特点是数据量大，但不涉及复杂的数学运算，有大量的逻辑判断和输入输出，时间性较强，传输和处理的信息可以有文字、图形、声音、图像等。

目前，数据处理已广泛应用于办公自动化、企事业单位计算机辅助管理与决策、情报检索、图书管理、电影电视动画设计、会计电算化等各行各业。

（3）计算机辅助系统。

1）计算机辅助设计（Computer Aided Design，CAD）。计算机辅助设计是利用计算机系统辅助设计人员进行工程或产品设计，以实现最佳设计效果的一种技术。它已广泛地应用于飞机、汽车、机械、电子、建筑和轻工业等领域。

2）计算机辅助制造（Computer Aided Manufacturing，CAM）。计算机辅助制造是利用计算机系统进行生产设备的管理、控制和操作的过程。例如，在产品的制造过程中，用计算机控制机器的运行，处理生产过程中所需的数据，控制和处理材料的流动及对产品进行检测等。

3）计算机辅助教学（Computer Aided Instruction，CAI）。计算机辅助教学是利用计算机系统使用课件来进行教学，课件可以用著作工具或高级语言来开发制作。它能引导学生循序渐进地学习，使其轻松自如地从课件中学到所需要的知识。CAI的主要特色是交互教育、个别指导和因人施教。

（4）过程控制。过程控制是指计算机及时地搜集检测被控对象运行情况的数据，再通过计算机的分析处理后，按照某种最佳的控制规律发出控制信号，以控制过程的进展。由于过程控制一般都是实时控制，有时对计算机速度的要求不高，但要求可靠性高、响应及时。应用计算机进行实时控制可以克服许多非人力能胜任的高温、高压、高速的工艺要求，大大提高生产自动化水平，确保安全、节能降耗，提高劳动效率与产品质量。计算机过程控制已在机械、冶金、石油、化工、纺织、水电、航天等部门得到广泛的应用。

（5）人工智能。人工智能（Artificial Intelligence，AI）是计算机模拟人类的智能活动。其包括模式识别、景物分析、自然语言理解和生成、专家系统、机器人等。例如，能模拟高水平医学专家进行疾病诊疗的专家系统，具有一定思维能力的智能机器人等。

（6）电子商务。电子商务是指通过计算机和网络进行商务活动。电子商务是在Internet的广阔联系与传统信息技术系统的丰富资源结合的背景下应运而生的一种网上相关联的动态商务活动。

（7）计算机网络。计算机网络是计算机技术与现代通信技术的结合。计算机网络的建立，不仅解决了一个单位、一个地区、一个国家中计算机与计算机之间的通信，以及各种软件、硬件资源的共享，也大大促进了国际之间的文字、图像、视频和声音等各类数据的传输与处理。

（8）多媒体技术。多媒体技术就是有声有色的信息处理与利用技术，即多媒体技术就

是对文本、声音、图像、图形进行处理、传输、储存和播放的集成技术。多媒体技术的应用领域非常广泛，成功地塑造了一个绚丽多彩的多媒体世界。计算机的应用已经成为人类大脑思考的延伸，成为人类进行现代化生产和生活的重要工具。

任务二　认识计算机系统

一、计算机系统基本组成

一个完整的计算机系统是由硬件系统和软件系统两部分组成的，如图 2-2 所示。

硬件是指组成计算机的电子元器件、电子线路及机械装置等实体，即物理设备。硬件系统是指组成计算机系统的各种物理设备的总称，是计算机完成各项工作的物质基础。

软件是指用某种计算机语言编写的程序、数据和相关文档的集合。软件系统则是在计算机上运行的所有软件的总称。

硬件是软件建立和依托的基础，软件是指使计算机完成特定的工作任务，是计算机系统的灵魂。

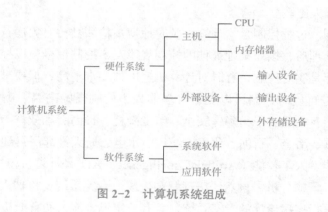

图 2-2　计算机系统组成

二、计算机硬件系统

从计算机的产生发展到今天，各种计算机均属于冯·诺依曼型计算机。这种计算机的硬件系统结构从原理上来说，主要由运算器、控制器、存储器、输入设备和输出设备五部分组成。

1. 运算器

运算器又称算术逻辑单元（Arithmetic and Logic Unit，ALU）。其主要功能是进行算术运算（如加、减、乘、除）和逻辑运算（如逻辑与、逻辑或、逻辑非等），以及其他操作（如取数、存数、移位等）。计算机中最主要的工作是运算，大量的数据运算任务是在运算器中进行的。运算器主要由一个加法器、若干个寄存器和一些控制线路组成。运算器的性能指标是衡量整个计算机性能的重要因素之一，与运算器相关的性能指标包括字长和速度。

2. 控制器

控制器是控制计算机各个部件协调一致、有条不紊工作的电子装置，也是计算机硬件系统的指挥中心。控制器的工作特点是采用程序控制方式，即在利用计算机解决某问题时，首先编写解决该问题的程序，通过编译程序自动生成由计算机指令组成的可执行程序并传送到内存储器，由控制器依次从内存储器取出指令、分析指令、向其他部件发出控制信号，指挥计算机各部件协同工作，使计算机能有条不紊地自动完成程序规定的任务。

运算器和控制器集成在一起被称为中央处理器（Central Processing Unit，CPU），在微型计算机中又称为微处理器，是计算机硬件的核心部件。

CPU 与内部存储器、主机板等构成计算机的主机。

3. 存储器

存储器可分为内部存储器与外部存储器。内部存储器通常称为内存；外部存储器通常称为硬盘。内存容量的大小反映了计算机处理数据量的能力，内存容量越大，计算机处理时与外部存储器（硬盘）交换数据的次数越少，处理速度越快。假如，CPU 像一个总导演安排节目进行表演，内存就相当于一个表演的舞台，硬盘相当于一个后台，舞台越大，所能安排同时表演的节目就越多；后台越大，所能容纳的等待演出的节目就越多。

（1）内部存储器。内部存储器设在主机内部，可以与 CPU 直接进行信息交换，又称为主存或内存。

1）随机存储器（Random Access Memory，RAM），又称可存取存储器。其一般存放各种临时需要的信息和中间运算结果，断电会使内容丢失。

2）只读存储器（Read Only Memory，ROM），只能读不能写。系统停止供电时仍然可以保持数据，但速度比较慢，适合存储须长期保留的不变数据。

3）高速缓冲存储器（Cache），是一种介于 CPU 和内部存储器之间的高速小容量存储器。

（2）外部存储器。外部存储器用来存储大量的、暂时不处理的数据和程序。其存储容量大、速度慢、价格低，在停电时能永久地保存信息。常见的外部存储器包括硬盘、光盘，以及 U 盘、移动硬盘等移动存储设备。

1）硬盘。硬盘是计算机主要的存储媒介之一，由一个或多个铝制或玻璃制的碟片组成。碟片外覆盖有铁磁性材料。

硬盘有固态硬盘（SSD，有 sata 固态、m.2 固态、pci-e 固态，而 m.2 固态又有 nvme 的 m.2 和 sata 的 m.2）、机械硬盘（HDD，有 32 寸、64 寸的，还有 4 300 转和 7 200 转）、混合硬盘（HHD，基于传统机械硬盘诞生出来的硬盘）。SSD 采用闪存颗粒来存储，HDD

采用磁性碟片来存储，HHD 是将磁性硬盘和闪存集成到一起的一种硬盘。绝大多数硬盘都是固定硬盘，被永久性地密封固定在硬盘驱动器中。

2）光盘。光盘是以光信息作为存储的载体，并用来存储数据的一种物品，分为不可擦写光盘，如 CD-ROM、DVD-ROM 等；可擦写光盘，如 CD-RW、DVD-RAM 等。

光盘是利用激光原理进行读、写的设备，是迅速发展的一种辅助存储器，可以存放各种文字、声音、图形、图像和动画等多媒体数字信息。

3）移动存储设备。常见的移动存储设备包括 U 盘和移动硬盘，它们的特点是可反复存取数据，在 Windows 等操作系统中可以即插即用。

①U 盘。U 盘采用一种可读写非易失的半导体存储器——闪速存储器（Flash Memory）作为存储媒介，通过通用串行总线接口（USB）与主机相连，用户可在 U 盘上很方便地读写、传送数据。U 盘体积小巧、质量轻、携带方便、可靠性高。目前的 U 盘，一般可擦写至少 100 万次，数据至少可保存 10 年，容量一般以 GB 为单位。

②移动硬盘。移动硬盘体积稍大，但携带仍算方便，而且容量比 U 盘更大，一般以 GB 和 TB 为存储单位，可以满足大量数据的存储和备份。

4. 输入设备

输入设备是将输入操作者提供的原始信息转换成电信号，并通过计算机的接口电路将这些信号顺序送入存储器中。常用的输入设备有键盘、鼠标、扫描仪等，如图 2-3 所示。

(a)　　　　　　　(b)　　　　　　　(c)

图 2-3　输入设备

(a) 键盘；(b) 鼠标；(c) 扫描仪

5. 输出设备

输出设备是将计算机的运算和处理结果以能为人们或其他机器所接受的形式输出。常用的输出设备有显示器、打印机、音箱等，如图 2-4 所示。

(a)　　　　　　　(b)　　　　　　　(c)

图 2-4　输出设备

(a) 显示器；(b) 打印机；(c) 音箱

三、计算机软件系统

计算机软件系统包括系统软件和应用软件。

1. 系统软件

系统软件是计算机系统中最靠近硬件一层的软件，其他软件一般都通过系统软件发挥作用。其与具体的应用领域无关，如编译程序和操作系统等。常见的系统软件有操作系统、程序设计语言及其语言处理程序、数据库管理系统等。

（1）操作系统。在计算机软件中最重要的就是操作系统。其是最底层的系统软件，是其他系统软件和应用软件在计算机上运行的基础，控制着所有计算机运行的程序并管理整个计算机的资源，是计算机裸机和应用程序及用户之间的桥梁。目前，最常用的操作系统有 DOS、Windows7/8/10/11/Vista、UNIX、NetWare 等。

（2）程序设计语言。编写计算机程序所用的语言是人与计算机之间信息交换的工具，计算机解题的一般过程：用户使用计算机语言编写程序，输入计算机，然后由计算机将其翻译成机器语言，在计算机上运行后输出结果。程序设计语言的发展经历了三代——机器语言、汇编语言、高级语言。

（3）语言处理程序。计算机只能直接识别和执行机器语言，因此，要计算机上运行高级语言程序就必须配备程序语言翻译程序，翻译程序本身是一组程序，不同的高级语言都有相应的翻译程序。

（4）数据库管理系统。数据库管理系统是一种操纵和管理数据库的大型软件，用于建立、使用和维护数据库。其是计算机技术中发展最快的领域之一。

2. 应用软件

应用软件是指用户利用计算机的软件、硬件资源为解决某一实际问题而开发的软件。应用软件是为满足用户不同领域、不同问题的应用需求而设计的软件。其可以拓宽计算机系统的应用领域，放大硬件的功能。应用软件也包括用户自己编写的用户程序。总之，应用软件是建立在系统软件的基础之上的，为人类的生产活动和社会活动提供服务的软件。

拓展提高

计算机的主要技术指标

计算机的性能是由多方面的指标决定的，不同的计算机，其侧重面不同，主要包括以下 8 个性能指标。

1. 字长

计算机中的信息是用二进制数来表示的，最小的信息单位是二进制的位。

（1）字的定义：在计算机中，将一串数码作为一个整体来处理或运算的，称为一个计算机字，简称字（Word）。字的长度用二进制位数来表示，通常，将一个字分为若干个字节（每个字节是二进制数据的 8 位）。例如，16 位计算机的一个字由两个字节组成，32 位计算机的一个字由 4 个字节组成。在计算机的存储器中，通常每个单元存储一个字。在计算机的运算器、控制器中，通常都是以字为单位进行信息传送的。

（2）字长的定义：计算机的每个字所包含的二进制位数称为字长。其是指计算机的运算部件能同时处理的二进制数据的位数。计算机处理数据的速率与它一次能加工的二进制位数和进行运算的快慢有关。如果一台计算机的字长是另一台计算机的两倍，即使两台计算机的速度相同，但在相同的时间内，前者能做的工作是后者的两倍。字长是衡量计算机性能的一个重要因素，计算机的字长越长，则运算速度越快、计算精度越高。

2. 主频

主频是指计算机的时钟频率，即 CPU 每秒内的平均操作次数，单位是兆赫兹（MHz），在很大程度上决定了计算机的运算速度。

3. 内存容量

内存容量即内存储器（一般指 RAM）能够存储信息的总字节数。其直接影响计算机的工作能力，内存容量越大，则机器的信息处理能力越强。

4. 存取周期

将信息代码存入存储器，称为"写"；将信息代码从存储器中取出，称为"读"。存储器完成一次数据的读（取）或写（存）操作所需要的时间称为存储器的访问时间；连续两次读或写所需的最短时间称为存取周期。存取周期越短，则存取速度越快。

5. 硬盘性能

硬盘的主要性能指标是硬盘的存储容量和存取速度。

6. 外设配置

外设配置种类繁多，要根据实际需要合理配置，如声卡、显示适配器等。

7. 软件配置

软件配置通常是根据工作需要配置相应的软件，如操作系统、各种程序设计语言处理程序、数据库管理系统、网络通信软件和字处理软件等。

8. 运算速度

运算速度是一项综合性的性能指标，其单位是 MIPS（百万条指令 / 秒）。因为各种指令的类型不同，所以，执行不同指令所需的时间也不一样。影响机器运算速度的因素很多，主要是 CPU 的主频和存储器的存取周期。

知识拓展：计算机硬件的选购

知识拓展：在购买计算机时，需注意哪些问题

任务三 学习计算机中信息的表示、存储与编码规则

一、进位计数制

在计算机中，信息以数据的形式来表示。从表面上看，信息一般可以使用符号、数字、文字、图形、图像、声音等形式来表示，但在计算机中最终都要使用二进制数来表示。计算机内部的电子部件通常只能有"导通"和"截止"两种状态，所以，在计算机中，信息的表示只能有 0 和 1 两种状态。由于二进制数只有 0 和 1 两个数码，所以，人们在计算机中使用二进制数来存储、处理各种形式和各种媒体的信息。

一种进位计数制包含一组数码符号和三个基本因素。

【数码】数码是指一组用来表示某种数制的符号。例如，二进制的数码是 0、1；八进制的数码是 0、1、2、3、4、5、6、7。

【基数】基数是指该进制中允许选用的基本数码的个数。

十进制有 10 个数码：0，1，2，…，9。

二进制有 2 个数码：0，1。

八进制有 8 个数码：0，1，2，…，7。

十六进制有 16 个数码：0，1，2，…，9，A，B，C，D，E，F（其中 A～F 对应十进制的 10～15）。

【数位】一个数中的每个数字所处的位置称为数位。

【位权】位权是一个固定值，是指在某种进位计数制中，每个数位上的数码所代表的数值的大小，等于在这个数位上的数码乘上一个固定的数值，这个固定的数值就是这种进位计数制中该数位上的位权。

在计算机中，为了区分不同的进位计数制，由以下两种方式表示。

第一种方式是在数字后面加英文字母作为标识，标识如下：

B（Binary）：B 表示二进制数，如 1 101B；

O（Octonary）：O 表示八进制数，如 153O；

D（Decimal）：D 表示十进制数，如 361D；

H（Hexadecimal）：H 表示十六进制数，如 3A4B6H。

第二种方式是将数字放括号中，在括号后面加下标，标识如下：

$(1101)_2$：下标 2 表示二进制数；

（153）$_8$：下标 8 表示八进制数；

（361）$_{10}$：下标 10 表示十进制数；

（3A4B6）$_{16}$：下标 16 表示十六进制数。

1. 十进制数（D）

十进制计数简称十进制，十进制数具有以下特点：

（1）有 10 个不同的数码符号，分别为 0～9。

（2）每个数码符号根据它在这个数中的数位，按照"逢十进一"来决定其实际数值。十进制的位权是 10 的整数次幂。

例如，十进制数 348.52 可表示为

$$（348.52）_{10} = 3 \times 10^2 + 4 \times 10^1 + 8 \times 10^0 + 5 \times 10^{-1} + 2 \times 10^{-2}$$

2. 二进制数（B）

二进制计数简称二进制，二进制数具有以下特点：

（1）有 2 个不同的数码符号，分别为 0 和 1。

（2）每个数码符号根据它在这个数中的数位，按照"逢二进一"来决定其实际数值。二进制数的位权是 2 的整数次幂。

例如，二进制数 11010.11 可表示为

$$（11010.11）_2 = 1 \times 2^4 + 1 \times 2^3 + 0 \times 2^2 + 1 \times 2^1 + 0 \times 2^0 + 1 \times 2^{-1} + 1 \times 2^{-2}$$

二进制的优点：运算简单，物理实现容易，存储和传送方便、可靠。

二进制的缺点：数的位数太长且字符单调，使书写、记忆和阅读不方便。

为了克服二进制的缺点，在进行指令书写、程序输入和程序输出等工作时，通常采用八进制数和十六进制数作为二进制数的缩写。

3. 八进制数（O 或 Q）

八进制计数简称八进制，八进制数具有以下特点：

（1）有 8 个不同的数码符号，分别为 0～7。

（2）每个数码符号根据它在这个数中的数位，按照"逢八进一"来决定其实际数值。八进制数的位权是 8 的整数次幂。

例如，八进制数 123.45 可表示为

$$（123.45）_8 = 1 \times 8^2 + 2 \times 8^1 + 3 \times 8^0 + 4 \times 8^{-1} + 5 \times 8^{-2}$$

4. 十六进制数（H）

十六进制计数简称十六进制，十六进制数具有以下特点：

（1）有 16 个不同的数码符号，分别为 0～9、A～F。由于十六进制数字只有 0～9 这 10 个字符，而十六进制要用 16 个数字符号以便"逢十六进一"。

（2）每个数码符号根据它在这个数中的数位，按照"逢十六进一"来决定其实际数值。十六进制数的位权是 16 的整数次幂。

例如，十六进制数 3AB.48 可表示为

$$（3AB.48）_{16} = 3 \times 16^2 + 10 \times 16^1 + 11 \times 16^0 + 4 \times 16^{-1} + 8 \times 16^{-2}$$

二、数制转换

（一）二进制的运算

1. 二进制算术运算

二进制算术运算与十进制运算类似，同样可以进行四则运算，其操作简单、直观，更容易实现。

二进制求和法则如下：

$0 + 0 = 0$

$0 + 1 = 1$

$1 + 0 = 1$

$1 + 1 = 10$（逢二进一）

二进制求差法则如下：

$0 - 0 = 0$

$1 - 0 = 1$

$10 - 1 = 1$（借一当二）

$1 - 1 = 0$

二进制求积法则如下：

$0 \times 0 = 0$

$0 \times 1 = 0$

$1 \times 0 = 0$

$1 \times 1 = 1$

二进制求商法则如下：

$0 \div 0 = 0$

$0 \div 1 = 0$

$1 \div 0$（无意义）

$1 \div 1 = 1$

在进行两数相加时，先写出被加数和加数，然后按照由低位到高位的顺序，根据二进制求和法则将两个数逐位相加即可。

【例 2-1】$1001101 + 10010$ 等于多少？

解：　1001101

+）　　10010

————————

　　1011111

结果：$1001101 + 10010 = 1011111$

【例 2-2】$1001101 - 10010$ 等于多少？

解: 1001101

－)   10010

    0111011

结果: 1001101 − 10010 = 0111011

2. 二进制逻辑运算

计算机的逻辑运算与算术运算的主要区别: 逻辑运算是按位进行的, 位与位之间不像算术运算那样有进位与借位的联系。

逻辑运算主要包括三种基本运算, 即逻辑加法 (又称 "或" 运算)、逻辑乘法 (又称 "与" 运算) 和逻辑否定 (又称 "非" 运算)。另外, "异或" 运算也很有用。

（1）逻辑 "或"。

$0 \vee 0 = 0$, $0 \vee 1 = 1$, $1 \vee 0 = 1$, $1 \vee 1 = 1$

"或" 运算通常用符号 OR、$\vee$ 等表示。

（2）逻辑 "与"。

$0 \wedge 0 = 0$, $0 \wedge 1 = 0$, $1 \wedge 0 = 0$, $1 \wedge 1 = 1$

"与" 运算在不同软件中用不同的符号表示, 如 AND、$\wedge$ 等。

（3）逻辑 "非"。

$!0 = 1$, $!1 = 0$

对某二进制数进行 "非" 运算, 实际上就是对它的各位按位求反。

（二）不同数制间的相互转换

1. 十进制数转换成 R 进制数

十进制数转换为 R 进制数可分为整数部分和小数部分的转换。

（1）十进制整数转换成 R 进制整数。整数（除 R 取余法）: 除以 R 取余数, 直到商为 0, 余数由下而上排列。

【例 2-3】将十进制整数 49 转换为二进制整数。

解: 2 |49   余数 =1   二进制整数最低位

    2 |24   余数 =0

      2 |12   余数 =0

        2 |6   余数 =0

          2 |3   余数 =1

            2 |1   余数 =1   二进制整数最高位

              0

结果: $(49)_{10} = (110001)_2$

【例 2-4】将十进制整数 49 转换为八进制整数。

解: 8 |49   余数 =1   八进制整数最低位

    8 |6   余数 =6   八进制整数最高位

      0

结果：$(49)_{10}=(61)$

（2）十进制小数转换成 R 进制小数。小数（乘 R 取整法）：将纯小数部分乘以 R 取整数，直到小数的当前值等于 0 或满足所要求的精度即可，最后将所得到的乘积的整数部分由上而下排列。

【例 2-5】将十进制小数 0.687 5 转换为二进制小数。

解：0.6875

$\times\qquad 2$
_____
1.3750　　1　　最高位

$\times\qquad 2$
_____
0.7500　　0

$\times\qquad 2$
_____
1.5000　　1

$\times\qquad 2$
_____
1.0000　　1　　最低位

结果：$(0.6875)_{10}=(1011)_2$

【例 2-6】将十进制小数 193.12 转换为八进制小数。

解：8 ｜193　　　余数 =1　　八进制整数最低位
　　　8 ｜24　　　余数 =0
　　　　8 ｜3　　　余数 =3　　八进制整数最高位
　　　　　　0

$(193)_{10}=(301)_8$

0.12

$\times\qquad 8$
_____
0.96　　0　　最高位

$\times\qquad 8$
_____
7.68　　7

$\times\qquad 8$
_____
5.44　　5　　最低位

$(0.12)_{10}=(0.075)_8$

结果：$(193.12)_{10}=(301.075)_8$

2. R 进制数转换成十进制数

位权法：把各 R 进制数按权展开求和。

转换公式：$(F)_R=a_{n-1}\times R^{n-1}+a_{n-2}\times R^{n-2}+\cdots+a_1\times R^1+a_0\times R^0+a_{-1}\times R^{-1}+\cdots$

【例 2-7】将二进制数 1001101.01 转化成十进制数。

解：$(1001101.01)_2=1\times 2^6+0\times 2^5+0\times 2^4+1\times 2^3+1\times 2^2+0\times 2^1+1\times 2^0+0\times 2^{-1}+1\times 2^{-2}=(77.75)_{10}$

【例 2-8】将八进制数 144 转化成十进制数。

解：$(144)_8 = 1 \times 8^2 + 4 \times 8^1 + 4 \times 8^0 = (100)_{10}$

【例 2-9】将十六进制数 7A3F 转化成十进制数。

解：$(7A3F)_{16} = 7 \times 16^3 + 10 \times 16^2 + 3 \times 16^1 + 15 \times 16^0 = (31295)_{10}$

3. 二进制数与八进制数、十六进制数之间的转换

二进制数转换为八进制数：$2^3 = 8$，也就是说 3 位二进制数可以表示 8 种状态，即 000 ～ 111，这 8 个数分别代表 0 ～ 7，八进制可使用的数恰好是 0 ～ 7 这 8 个数，所以，二进制数的 3 位与八进制数的 1 位相对应。以小数点为界，将整数部分从右向左每 3 位一组，最高一组不足 3 位时，在最左端添 0 补足 3 位；小数部分从左向右，每 3 位一组，最低一组不足 3 位时，在最右端添 0 补足 3 位。

二进制转换为十六进制：$2^4 = 16$，也就是说，4 位二进制数可以表示 16 种状态，即 0000 ～ 1111，这 16 个数分别代表 0 ～ 9 加上 A ～ F 这 16 个数，十六进制可使用的数恰好是 0 ～ 9 和 A ～ F 这 16 个数，所以，二进制数的 4 位与十六进制数的 1 位相对应。以小数点为界，将整数部分从右向左每 4 位一组，最高一组不足 4 位时，在最左端添 0 补足 4 位；小数部分从左向右，每 4 位一组，最低一组不足 4 位时，在最右端添 0 补足 4 位。

【例 2-10】将二进制数 100110110111.0101 转换为八进制数。

解：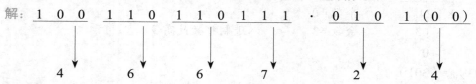

结果：$(100110110111.0101)_2 = (4667.24)_8$

【例 2-11】将八进制数 324 转化为二进制数。

解：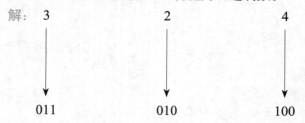

结果：$(324)_8 = (011010100)_2$

各种进制数对照表见表 2-1。

表 2-1　十进制、二进制、八进制和十六进制之间的对应关系

十进制数	二进制数	八进制数	十六进制数
0	0000	0	0
1	0001	1	1

十进制数	二进制数	八进制数	十六进制数
2	0010	2	2
3	0011	3	3
4	0100	4	4
5	0101	5	5
6	0110	6	6
7	0111	7	7
8	1000	10	8
9	1001	11	9
10	1010	12	A
11	1011	13	B
12	1100	14	C
13	1101	15	D
14	1110	16	E
15	1111	17	F

三、信息的计量单位

1. 几个基本概念

（1）位（bit）。位也称为比特，常用小写字母"b"表示，位是计算机存储设备的最小单位，一个二进制位只能表示两种状态，即用 0 或 1 来表示一个二进制数位。

（2）字节（Byte）。一个字节由 8 位二进制数构成，常用大写字母"B"表示，字节是最基本的数据单位。在计算机内部，数据传送也是按字节的倍数进行的。一个字节最小值为 0，最大值为（11111111$)_2$ =（FF$)_{16}$ = 255。

2. 扩展存储单位

经常使用的字节单位有 KB、MB、GB、TB 和 PB，其相互之间换算的关系如下：

1 KB = 2^{10} B = 1 024 B $\qquad$ 1 MB = 2^{10} KB = 1 024 KB

1 GB = 2^{10} MB = 1 024 MB $\qquad$ 1 TB = 2^{10} GB = 1 024 GB

1 PB = 2^{10} TB = 1 024 TB

四、数值在计算机中的表示

数值在计算机中是以二进制形式表示的，除要表示一个数的值外，还要考虑符号、小数点的表示。小数点的表示隐含在某一位置上（定点数）或浮动（浮点数）。

1. 二进制数整数的原码、反码和补码

在计算机中，所有数和指令都是用二进制代码表示的。一个数在计算机中的表示形式称为机器数。机器数所对应的原来数值称为真值。由于采用二进制，计算机也只能用0、1来表示数的正、负，即把符号数字化。0表示正数，1表示负数。原码、反码和补码是把符号位和数值位一起编码的表示方法。

（1）原码。符号位为0时表示正数，符号位为1时表示负数，数值部分用二进制数的绝对值表示，称为原码表示方法。如假设机器数的位数是8位，最高位是符号位，其余7位是数值位。例如，[+9]的原码表示为00001001，[−9]的原码表示为10001001。

（2）反码。反码是另一种表示有符号数的方法。对于正数，其反码与原码相同。对于负数，在求反码时，是将其原码除符号位外的其余各位按位取反，即除符号位外，将原码中的1都换成0、0都换成1。

例如，[+9]的反码表示为00001001，[−9]的反码表示为11110110。

（3）补码。正数的补码与其原码相同；负数的补码是先求其反码，然后在最低位加1。

例如，[+9]的补码表示为00001001，[−9]的补码表示为11110111。

2. 数的小数点表示法

（1）定点数表示法。定点数表示法通常把小数点固定在数值部分的最高位之前，或把小数点固定在数值部分的最后面。前者将数表示成纯小数；后者将数表示成整数。

（2）浮点数表示法。浮点数表示法是指在数的表示中，其小数点的位置是浮动的。任意一个二进制数 N 可以表示成：$N = 2E \cdot M$，式中，M 表示数的尾数或数码；E 表示指数（是数 N 的阶码，是一个二进制数）。

将一个浮点数表示为阶码和尾数两部分，尾数是纯小数。其形式如下：

阶符，阶码；尾符，尾数

例如，$N = (2.5)_{10} = (10.10)_2 = 0.1010 \times 2^{10}$ 的浮点表示如下：

上面的阶码和尾数都是用原码表示，实际上往往用补码表示。浮点数的表示方法比定点数表示数的范围大，数的精度也更高。

综上所述，计算机中使用二进制数，引入补码把减法转化为加法，简化了运算；使用浮点数扩大了数的表示范围，提高了数的精度。

3. 二进制编码的十进制数

在计算机输入、输出时，通常采用十进制数。要使计算机能够理解十进制数，就必须进行二进制编码。常用的有 BCD 码，即 8421 码，是指用二进制数的 4 位来表示十进制数的 1 位。

例如，用 8421 码表示十进制数 876，则 8 用 1000 表示，7 用 0111 表示，6 用 0110 表示，得到（876）$_{10}$ →（100001110110）$_{8421}$。

五、字符的表示和编码

编码就是采用少量的基本符号（如使用二进制的基本符号 0 和 1），选用一定的组合原则，以表示各种类型的信息（如数值、文字、声音、图形和图像等）。为了方便信息的表示、交换、存储或加工处理，在计算机系统中通常采用统一的编码方式。在输入过程中，系统自动将用户输入的各种数据按编码的类型转换成相应的二进制形式存入计算机存储单元中。在输出的过程中，再由系统自动将二进制编码数据转换成用户可以识别的数据格式输出给用户。

1. Unicode

世界上有很多种编码方式，同一个二进制数字可以被解释成不同的符号。因此，要想打开一个文本文件，就必须知道它的编码方式，否则使用错误的编码方式进行解读，就会出现乱码。为什么电子邮件常常会出现乱码？就是因为发信人和收信人使用的编码方式不一样。

有一种编码将世界上所有的符号都纳入其中，为每一个符号都赋予一个独一无二的编码，那么乱码问题就会消失，这就是 Unicode。

在计算机科学领域中，Unicode（统一码、万国码、单一码、标准万国码）是业界的一种标准，它可以使计算机得以呈现世界上数十种文字的系统。Unicode 是基于通用字符集（Universal Character Set）的标准来发展的，它为每种语言中的每个字符设定了统一且唯一的二进制编码，以满足跨语言、跨平台进行文本转换、处理的要求。

通用字符集可以简写为 UCS。早期的 Unicode 标准有 UCS-2、UCS-4 两种格式。UCS-2 用两个字节编码，UCS-4 用 4 个字节编码。Unicode 用数字 0-0×10 FFFF 来映射这些字符，最多可以容纳 1 114 112 个字符，或者说有 1 114 112 个码位。码位就是可以分配给字符的数字。UTF-8、UTF-16、UTF-32 都是将数字转换到程序数据的编码方案。一般提到 Unicode 就是指 UTF-16 编码，所谓 Unicode 编码转换其实就是指从 UTF-16 到 ANSI 各个代码页编码（UTF-8、ASCII、GB2312/GBK、BIG5 等）的转换。

2. ASCII 码

目前，计算机中使用最广泛的字符集及其编码，是由美国国家标准学会（ANSI）制定

的 ASCII 码（American Standard Code for Information Interchange，美国标准信息交换码），它已被国际标准化组织（ISO）定为国际标准，称为 ISO 646 标准。

ASCII 码一共规定了 128 个字符的编码，如空格"SPACE"是 32（二进制 00100000），大写的字母 A 是 65（二进制 01000001）。这 128 个字符（包括 32 个不能打印出来的控制字符），只占用了一个字节的后面 7 位，最前面的 1 位统一规定为 0。ASCII 码表见表 2-2。

表 2-2　ASCII 码表

低 4 位 ＼ 高 3 位	0	1	2	3	4	5	6	7
	0000	0001	0010	0011	0100	0101	0110	0111
0000	NUL	DLE	SP	0	@	P	`	p
0001	SOH	DC1	!	1	A	Q	a	q
0010	STX	DC2	"	2	B	R	b	r
0011	EXT	DC3	#	3	C	S	c	s
0100	EOT	DC4	$	4	D	T	d	t
0101	ENQ	NAK	%	5	E	U	e	u
0110	ACK	SYN	&	6	F	V	f	v
0111	BEL	ETB	'	7	G	W	g	w
1000	BS	CAN	(	8	H	X	h	x
1001	HT	EM	)	9	I	Y	i	y
1010	LF	SUB	*	:	J	Z	j	z
1011	VT	ESC	+	;	K	[	k	{
1100	FF	FS	,	<	L	\	l	|
1101	CR	GS	-	=	M	]	m	}
1110	SO	RS	.	>	N	↓	n	~
1111	SI	US	/	?	O	↑_	o	DEL

3. 汉字字符

汉字是象形文字，种类繁多，编码比较困难，而且在一个汉字处理系统中，输入、内部处理、输出对汉字编码的要求不尽相同，因此，需要进行一系列的汉字编码及转换。汉字信息处理系统中各编码及流程如图 2-5 所示。

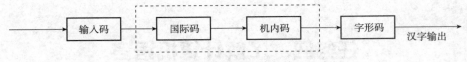

图 2-5　汉字信息处理系统各编码及流程

（1）输入码。汉字输入码（外码）是为了将汉字输入计算机而设计的代码。不同的输入法对应不同的输入编码，因此，汉字的输入码不是统一的。智能 ABC、五笔字型、郑码输入法等都采用不同的输入码。

（2）国际码。为了适应计算机处理汉字信息的需要，1981 年，我国颁布了《信息交换用汉字编码字符集 基本集》（GB/T 2312—1980）。该标准选出 6 763 个常用汉字和 682 个非常用汉字字符，并为每个字符规定了标准代码。

区位码是国标码的另一种表现形式，把《信息交换用汉字编码字符集 基本集》（GB/T 2312—1980）中的字符集组成一个 94 行 ×94 列的二维表，行号为区号，列号为位号，每个汉字或字符在该编码表中的位置用它所在区号和位号来表示。为了处理与存储方便，每个汉字在计算机内部用两个字节来表示，其中，前一个字节表示区号，后一个字节表示位号。使用区位码的主要目的是输入一些中文符号或用其他输入法无法输入的汉字、制表符，以及日语字母、俄语字母、希腊字母等。

国际码 = 区位码（十六进制）+ 2020H

（3）机内码。汉字机内码是供计算机系统内部进行存储、加工处理、传输统一使用的代码，又称汉字内部码。

根据国标码的规定，每一个汉字都有确定的二进制代码，但是这个代码在计算机内部处理时会与 ASCII 码发生冲突，为了解决这个问题，在国标码的每一个字节的首位上加 1。由于 ASCII 码只用 7 位，所以，这个首位上的"1"就可以作为识别汉字代码的标志。计算机在处理到首位是"1"的代码时把它理解为是汉字的信息，在处理到首位是"0"的代码时把它理解为是 ASCII 码。经过这样处理后的国标码就是汉字机内码。

机内码 = 国际码 + 8080H

（4）字形码。汉字字形码是汉字字库中存储的汉字字形的数字化信息，用于汉字的显示和打印输出。

目前，汉字字形的产生方式大多是点阵方式。所谓点阵，就是将字符（包括汉字图形）看成一个矩形框内一些横竖排列的点的集合，有笔画的位置用黑点表示，没有笔画的用白点表示。因此，汉字字形码主要是指汉字字形点阵的代码。

汉字字形点阵有 16×16 点阵、24×24 点阵、32×32 点阵、48×48 点阵等。点阵越大，对每个汉字的修饰作用就越强，打印质量就越高，同时，一个汉字所占用的存储空间也就越大。

任务四　了解计算机语言

计算机编程语言是程序设计的最重要的工具，它是指计算机能够接受和处理的、具有一定语法规则的语言。计算机语言按其与硬件接近的程度可以分为低级语言和高级语言两大类。

一、低级语言

低级语言包括机器语言和汇编语言。

1. 机器语言

机器语言是指一台计算机全部的指令集合。电子计算机所使用的是由"0"和"1"组成的二进制数，二进制是计算机语言的基础。计算机发明之初，人们只能使用计算机的语言命令计算机工作，用一句话概括，就是写出一串串由"0"和"1"组成的指令序列交由计算机执行，这种计算机能够认识的语言，就是机器语言。使用机器语言是十分痛苦的，特别是在程序有错需要修改时更是如此，因此，程序就是一个个的二进制文件，一条机器语言成为一条指令，指令是不可分割的最小功能单元；而且，由于每台计算机的指令系统往往各不相同，所以，在一台计算机上执行的程序要想在另一台计算机上执行，必须另编程序，造成了重复工作，但由于使用的是针对特定型号计算机的语言，故而运算效率是所有语言中最高的。机器语言是第一代计算机语言。

2. 汇编语言

为了减轻使用机器语言编程的痛苦，人们进行了一种有益的改进：用一些简洁的英文字母、符号串来替代一个特定指令的二进制串，例如，用"ADD"代表加法，"MOV"代表数据传递等，这样，人们很容易读懂并理解程序在干什么，纠错及维护都变得方便了，这种程序设计语言就称为汇编语言，即第二代计算机语言。然而计算机是不认识这些符号的，这就需要一个专门的程序负责将这些符号翻译成二进制数的机器语言，这种翻译程序被称为汇编程序。

汇编语言同样十分依赖机器硬件，移植性不好，但效率仍十分高，针对计算机特定硬件而编制的汇编语言程序，能准确发挥计算机硬件的功能和特长，程序精练且质量高，所以，至今仍是一种常用而强有力的软件开发工具。

汇编语言的实质与机器语言相同，都是直接对硬件进行操作，只不过指令采用了英文缩写的标识符，更容易识别和记忆。它同样需要编程者将每一步具体的操作以命令的形式写出来。汇编程序的每一句指令只能对应实际操作过程中的一个很细微的动作，如移动、自增，因此，汇编源程序一般比较冗长、复杂、容易出错，而且使用汇编语言编程需要有更多的计算机专业知识，但汇编语言的优点也是显而易见的，用汇编语言所能完成的操作不是一般高级语言所能实现的，而且源程序经汇编生成的可执行文件不仅比较小，而且执行速度很快。

二、高级语言

高级语言有 BASIC（True basic、Qbasic、Virtual Basic）、C、C++、PASCAL、FORTRAN、智能化语言（LISP、Prolog、CLIPS、OpenCyc、Fazzy）、动态语言（Python、PHP、Ruby、Lua）等。

高级语言源程序可以用解释、编译两种方式执行，通常使用后一种。

（1）编译方式：事先编好一个称为编译程序的机器语言程序，作为系统软件存放在计算机内，当用户由高级语言编写的源程序输入计算机后，编译程序便把源程序整体翻译成用机器语言表示的与之等价的目标程序，然后计算机再执行该目标程序，以完成源程序要处理的运算并取得结果。

（2）解释方式：源程序进入计算机时，解释程序边扫描边解释作逐句输入逐句翻译，计算机一句句执行，并不产生目标程序。

PASCAL、FORTRAN、COBOL 等高级语言执行编译方式；BASIC 语言则以执行解释方式为主；而 PASCAL、C 语言是能书写编译程序的高级程序设计语言。

高级语言是绝大多数编程者的选择。与汇编语言相比，它不仅将许多相关的机器指令合成为单条指令，而且去掉了与具体操作有关但与完成工作无关的细节，如使用堆栈、寄存器等，这样就大大简化了程序中的指令。由于省略了很多细节，所以，编程者也不需要具备太多的专业知识。高级语言主要是相对于汇编语言而言；它并不是特指某一种具体的语言，而是包括了很多编程语言，流行的有 VB、VC、FoxPro、Delphi 等，这些语言的语法、命令格式各不相同。

每一种高级（程序设计）语言都有自己人为规定的专用符号、英文单词、语法规则和语句结构（书写格式）。高级语言与自然语言（英语）更接近，而与硬件功能相分离（彻底脱离了具体的指令系统），便于广大用户掌握和使用。高级语言的通用性强、兼容性好，便于移植。

▶ 项目小结

本项目系统地介绍了计算机的产生、发展、分类、特点与应用，计算机的硬件系统与软件系统，计算机中信息的表示、存储与编码，计算机语言等知识。通过本项目的学习，学生可以认识计算机，了解计算机，学会数制的转化，理解数值在计算机中的表示方法，掌握字符的表示和编码方法，从而能熟练应用计算机。

> 课后练习

1. 世界上公认的第一台电子计算机诞生的年代是（　　）。

   A. 20 世纪 30 年代

   B. 20 世纪 40 年代

   C. 20 世纪 80 年代

   D. 20 世纪 90 年代

2. 作为现代计算机基本结构的冯·诺依曼体系包括（　　）。

   A. 输入、存储、运算、控制和输出 5 个部分

   B. 输入、数据存储、数据转换和输出 4 个部分

   C. 输入、过程控制和输出 3 个部分

   D. 输入、数据计算、数据传递和输出 4 个部分

3. 计算机系统由（　　）组成。

   A. 主机及外部设备

   B. 硬件系统和软件系统

   C. 系统软件和应用软件

   D. 主机、键盘、显示器和打印机

4. 断电会使（　　）中存储的数据丢失。

   A. RAM　　　　　　　　　　　　　　B. ROM

   C. 硬盘　　　　　　　　　　　　　　D. 光盘

5. CPU 由（　　）组成。

   A. 运算器和控制器

   B. 运算器和存储器

   C. 控制器和存储器

   D. 存储器和微处理器

6. 一台计算机正常运行必须具有的软件是（　　）。

   A. 操作系统　　　　　　　　　　　　B. 字处理软件

   C. 数据库管理软件　　　　　　　　　D. 打字练习软件

7. 下列设备中，属于输入设备的是（　　）。

   A. 显示器　　　　　　　　　　　　　B. 音箱

   C. 键盘　　　　　　　　　　　　　　D. 打印机

8. 下列设备组中，完全属于计算机输出设备的一组是（　　）。

   A. 喷墨打印机、显示器、键盘

   B. 激光打印机、键盘、鼠标

   C. 键盘、鼠标、扫描仪

   D. 打印机、绘图仪、显示器

9. 计算机中所有的数据都是用（　　）数来表示。

 A. 八进制   B. 十六进制

 C. 二进制   D. 十进制

10. 1 KB=（　　）B（字节）。

 A. 1 000   B. 1 024

 C. 1 048   D. 1 096

11. 计算机中，关于字节和位的关系是（　　）。

 A. 字节和位是一个概念，一个字节就等于一位

 B. 字节和位是不同的概念，字节用十进制表示一个数，位用二进制表示一个数

 C. 字节是计算机数据的最小单位，而位是计算机存储容量的基本单位

 D. 在计算机中，一个字节由 8 位二进制数字组成

12. 能够直接反映一台计算机的计算能力和精度的指标参数是（　　）。

 A. 字长   B. 字节

 C. 字符编码   D. 位

13. 下列关于 ASCII 编码的叙述中，正确的是（　　）。

 A. 一个字符的标准 ASCII 码占一个字节，其最高二进制位总为 1

 B. 所有大写英文字母的 ASCII 码值都小于小写英文字母 a 的 ASCII 码值

 C. 所有大写英文字母的 ASCII 码值都大于小写英文字母 a 的 ASCII 码值

 D. 标准 ASCI 码表有 256 个不同的字符编码

14. 汉字的国标码与其内码存在的关系：汉字的内码 = 汉字的国标码 +（　　）。

 A. 1010H   B. 8081H

 C. 8080H   D. 8180H

15. 与十进制数 1023 等值的十六进制数为（　　）。

 A. 3FDH   B. 3FFH

 C. 2FDH   D. 3FFH

16. 某汉字的机内码是 B0A1H，它的国际码是（　　）。

 A. 3121H   B. 3021H

 C. 2131H   D. 2130H

17. 与十六进制数 26CE 等值的二进制数是（　　）。

 A. 011100110110010

 B. 0010011011011110

 C. 10011011001110

 D. 1100111000100110

18. 下列 4 种不同数制表示的数中，数值最小的一个是（　　）。

 A. 八进制数 52   B. 十进制数 44

 C. 十六进制数 2B   D. 二进制数 101001

19. Java 属于（　　）。

   A. 操作系统　　　　　　　　　B. 办公软件

   C. 数据库系统　　　　　　　　D. 计算机语言

项目三
Windows 10 操作系统

 知识目标

了解操作系统的功能、分类，常用的微型机操作系统，Windows 10 的界面组成；掌握 Windows 10 操作系统的启动、退出，对应用程序、文件、系统设置、常用工具等的管理。

能力目标

能熟练应用 Windows 10 操作系统管理应用程序、文件、系统设置、常用工具，并能进行个性化的桌面与窗口设置。

素养目标

培养学生具有与时俱进的精神，爱岗敬业、奉献社会的道德风尚。

项目导读

操作系统是所有计算机都必须配置的系统软件，其功能是组织和管理整个计算机系统的硬件和软件资源。Windows 10 是微软公司研发的跨平台操作系统，应用于计算机和平板电脑等设备。Windows 10 文件资源管理器显示了用户计算机上所有的文件、文件夹和驱动器分层次结构，在文件资源管理器中可以对文件和文件夹进行新建、重命名、选定、复制、移动、删除等操作。Windows 10 提供了专门用于更改 Windows 外观和行为方式的工具，其中一些工具可以调整计算机设置，从而使计算机操作更具有个性化，另一些工具可以将 Windows 设置得更容易使用。本项目将系统介绍 Windows 10 操作系统的操作界面、文件和文件夹管理、系统设置、磁盘管理、打印机安装等操作方法。

任务一　走进 Windows 10 操作系统

一、认识操作系统

(一)操作系统的定义

操作系统(Operating System, OS)是一组控制和管理计算机的系统程序的集合,是用户与计算机之间的接口,专门用来管理计算机的软件、硬件资源,负责监视和控制计算机及程序处理的过程。

操作系统是裸机上的第一层软件,是对计算机硬件功能的首次扩展。操作系统将应用软件与机器硬件隔开,目的是让用户不需要了解硬件的工作原理就可以很方便地使用计算机。

操作系统是计算机中最基本、最重要的系统软件。其为用户提供了一个操作平台,用户通过操作系统来使用计算机系统的各类资源,提高整个系统的处理效率。

(二)操作系统的功能

操作系统的功能强大,负责对软件、硬件进行控制与管理,主要有进程管理、存储管理、文件管理、设备管理和作业管理五大功能。

1. 进程管理

进程管理又称处理机管理,主要是对 CPU 进行动态管理,即如何将 CPU 分配给每个任务。

由于 CPU 的工作速度比其他硬件要快得多,而且任何程序只有占用 CPU 才能运行,因此,CPU 是计算机系统中最重要、最宝贵、竞争最激烈的硬件资源。为了提高 CPU 的利用率,可以采用多道程序设计技术。当多道程序并发运行时,引入进程的概念。通过进程管理协调多道程序之间的 CPU 分配调度、冲突处理及资源回收等。

2. 存储管理

内部存储器是 CPU 能够直接存取指令和数据的地方,是计算机系统的关键资源。只有被装入内存的程序才有可能去竞争 CPU。因此,有效地利用内存可保证多道程序设计技术的实现,从而保证了 CPU 的使用效率。存储管理就是为每个程序分配内存空间,以保证系统及各程序的存储区不互相冲突;当某个程序结束时,能及时收回它所占用的内存空间,以便再装入其他程序。

3. 文件管理

文件管理是指针对信息资源的管理。在现代计算机系统中,辅助存储设备(如硬盘)

上保存着大量的文件，如果不能合理地管理文件，则会导致混乱。文件管理的主要任务是对用户文件和系统文件进行管理，实现按文件名存取，并以文件夹的形式实现分类管理；实现文件的共享、保护和保密，保证文件的安全；向用户提供一整套能够方便使用文件的操作和命令。

4. 设备管理

设备管理是指对计算机外部硬件设备的管理，负责计算机系统中除 CPU 和内存外的其他硬件资源的管理，包括 I/O 设备的分配、启动、回收和调度。操作系统对设备的管理体现在两个方面：

一方面，提供了用户和外部设备的接口，用户只需要通过键盘命令或程序向操作系统提出申请，由操作系统中设备管理程序实现外部设备的分配、启动、回收和故障处理，提供了一种统一调用外部设备的手段；另一方面，为了提高设备的效率和利用率操作，系统还采取了缓冲技术和虚拟设备技术，尽可能使外部设备与 CPU 并行工作，以解决快速 CPU 与慢速外部设备之间的矛盾。

5. 作业管理

操作系统负责控制用户作业的调入、执行和结束的部分称为作业管理。作业管理又称为接口管理，其包括任务管理、界面管理、人机交互、图形界面、语音控制和虚拟现实等。

作业管理的任务是为用户提供一个使用系统的良好环境，使用户能有效地组织自己的工作流程。用户要求计算机处理的某项工作称为一个作业，一个作业包括程序、数据及解题的控制步骤。用户一方面使用作业管理提供的作业控制语言来书写控制作业执行的操作说明书；另一方面使用作业管理提供的"命令语言"与计算机进行交互，请求系统服务。

拓展提高

常见的操作系统

常用的微型机操作系统有如下几种。

1. DOS 操作系统

DOS（Disk Operating System）是 Microsoft 公司（以下简称"微软"）研制的配置在个人计算机上的单用户命令行界面的 16 位微机操作系统。其曾经广泛地应用在个人计算机上，对于早期的计算机应用和普及起到了重要的作用。DOS 操作系统的特点是简单易学，硬件要求低；但界面不够友好，不支持大容量存储器。

2. Windows 操作系统

Windows 是基于图形用户界面的操作系统。1985 年年底，Windows 1.0 问世，此时 Windows 还是 DOS 系统下的一个应用程序，当时人们反应冷淡。经过了 Windows/386、Windows 3.X、Windows95、Windows 98 和 Windows NT 4.0 的发展，Windows 已经成为一个独立的操作系统，而 DOS 则成了 Windows 操作系统的一个应用程序。2000 年后，微软相继推出了 Windows Me、Windows 2000、Windows XP、Windows Server 2003/2008

及 Windows Vista，开始采用了网络操作系统的内核。2009 年，微软推出了 Windows 7 操作系统。Windows 操作系统一经推出，就以其易用、快速、简单、安全等特性赢得了用户，并在兼容性上也做了很多的努力。2012 年 10 月，微软推出 Windows 8 系统。2015 年 7 月推出了 Windows 10 系统，其是微软研发的跨平台及设备应用的操作系统。2021 年 6 月 24 日，微软正式推出 Windows 11 系统。目前，Windows 操作系统已成为市场占有率最大、最流行的桌面操作系统。

3. UNIX 操作系统

UNIX 是一种发展较早的操作系统，一直占有网络操作系统市场较大的份额。UNIX 操作系统是个多用户、多任务的分时操作系统。UNIX 操作系统的优点是具有较好的可移植性，可运行于许多不同类型的计算机上，具有较好的可靠性和安全性，支持多任务、多处理、多用户的网络管理和应用。目前，UNIX 主要应用在高性能计算机和服务器中。

4. Linux 操作系统

Linux 操作系统实际上是从 Unix 操作系统发展而来的，与 UNIX 操作系统兼容，能够运行大多数的 Unix 工具软件、应用程序和网络协议。Linux 操作系统继承了 UNIX 操作系统以网络为核心的设计思想，是一个性能稳定的多用户网络操作系统。

Linux 是一种源代码开放的操作系统。用户可以通过 Internet 免费获取 Linux 操作系统及其源代码，然后进行修改，建立自己的 Linux 开发平台，进而开发 Linux 软件。Linux 对网络的支持功能非常强大，几乎目前网络上常见的网络软件和协议，Linux 都可以完整地实现，尤其在服务器方面表现更为出色。

5. Mac OS X 操作系统

Mac OS X 是运行在苹果公司的 Macintosh 系列计算机上的操作系统。Mac OS X 操作系统的优点是具有较强的图形处理能力，广泛用于桌面出版和多媒体应用等领域；缺点是与 Windows 缺乏较好的兼容性，影响了它的普及。

6. iOS 操作系统

iOS 是由苹果公司开发的移动操作系统。苹果公司于 2007 年 1 月 9 日的 Macworld 大会上公布了这个系统，最初是给 iPhone 设计的，后来陆续用到 iPod touch、iPad 上。iOS 操作系统与苹果的 Mac OS 操作系统一样，属于类 UNIX 的商业操作系统。

7. Android 操作系统

Android 是一种以 Linux 为基础的开放源代码操作系统，主要用于便携设备。它最初由 AndyRubin 开发，主要支持手机功能。2005 年由 Google 收购注资，并组建开放手机联盟进行开发改良，逐渐将其扩展到平板计算机及其他领域。2011 年第一季度，Android 在全球的市场份额首次超过塞班系统，跃居全球第一。

8. HarmonyOS 操作系统

HarmonyOS 是华为技术有限公司于 2020 年 9 月 10 日在 2020 年华为开发者大会

上发布的操作系统。其是一款基于微内核的面向全场景的分布式操作系统，可适配手机、平板计算机、电视、智能汽车、可穿戴设备等多终端设备。

二、了解 Windows 10 操作系统的特色

Windows 10 操作系统结合了 Windows 7 和 Windows 8 两个操作系统的优点，更符合用户的操作体验。Windows 10 具有以下特色：

（1）Windows 10 的登录方式。Windows 10 除采用传统的账户密码方式登录外，还可以使用 Windows Hello 人脸、Windows Hello 指纹、Windows Hello PIN、安全密钥、图片密码的方式登录，如图 3-1 所示。

（2）Windows 10 重新使用了"开始"按钮，但采用全新的"开始"菜单，在菜单右侧增加了 Modern 风格的区域，将传统风格与现代风格有机地结合在一起，兼顾了老版本系统用户的使用习惯，如图 3-2 所示。

图 3-1 登录方式

图 3-2 "开始"菜单

（3）剪贴板。按 Win + V 组合键出现剪切板界面，如图 3-3 所示，会显示剪贴板历史记录并可选择其中一个项目进行粘贴。

（4）截图功能。按 Shift + Win + S 组合键可打开截图功能，其中有 4 个截图方式可选，即矩形截图、任意形状截图、窗口截图及全屏幕截图，如图 3-4 所示。通过鼠标框选截图区域，完成后粘贴即可。

图 3-3 剪贴板界面

图 3-4 截图功能

（5）录屏功能。按 Win + G 组合键可以开启录屏功能。

（6）任务视图切换。按住 Alt 键不放，不断地按 Tab 键可以进行任务视图的切换。

（7）虚拟桌面。利用虚拟桌面功能可以创建新的虚拟桌面，就好像打开了一台全新的计算机一样，在非常干净且完整的桌面环境下，再次开展一个新的工作，并与之前的桌面互不影响，如图 3-5 所示。虚拟桌面的快捷键：按 Win + Tab 组合键打开虚拟桌面；按

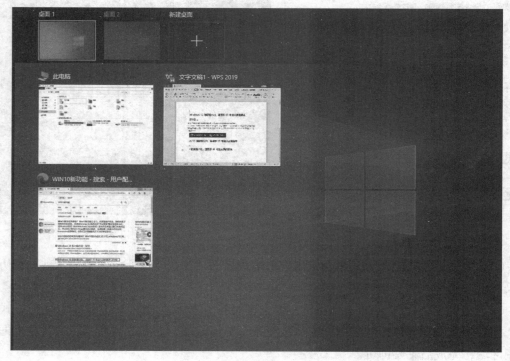

图 3-5 虚拟桌面

Win + Ctrl + D 组合键新建虚拟桌面；按 Win + Ctrl + 左 / 右方向组合键切换虚拟桌面；按 Win + Ctrl + F4 组合键关闭当前虚拟桌面。除此以外，还可以对虚拟桌面重命名。

◀)) 小提示

鼠标和键盘操作

在 Windows 环境下，用户经常与系统进行信息交流，以便完成各种任务。在这些操作过程中既可以使用鼠标也可以使用键盘。鼠标适用于在 Windows 中对窗口、图标及菜单等对象的操作，其使用简单、方便和快捷；而键盘适用于文字的录入，但也可以取代鼠标完成相应的命令操作。

1. 鼠标的基本操作

（1）单击：用鼠标光标指向某操作对象，然后快速按一下鼠标左键。

（2）双击：用鼠标光标指向某操作对象，然后快速地连续按两下鼠标左键。

（3）拖动：用鼠标光标指向某操作对象，然后按住鼠标左键并移动鼠标，当到达合适位置时，放开鼠标左键。

（4）右击：用鼠标光标指向某操作对象，然后按一下鼠标右键。

在 Windows 10 操作系统中执行的命令不同、鼠标光标所处的位置不同，鼠标光标外形也会发生变化，以便用户更容易辨别当前所处的状态。

2. 键盘操作

在 Windows 中，键盘主要用来输入文字，而它的命令功能是以组合键方式实现的。键盘操作主要有以下几种形式：

（1）"键 1" + "键 2"：表示先按住"键 1"不放，然后再按"键 2"。如在 Windows 10 中按 Ctrl + Shift 组合键，可以切换输入法。

（2）"键 1" + "键 2" + "键 3"：表示先按住"键 1"和"键 2"不放，然后再按"键 3"。如按 Ctrl + Alt + Delete 组合键，可以打开"Windows 任务管理器"对话框。

（3）"键 1"，"键 2"：表示先按"键 1"松开后，然后再按"键 2"。如在 Word 中先按 Alt 键松开后再按 F 键，可打开"文件"命令选项卡。

三、Windows 10 的启动

启动计算机后，进入用户登录界面，如图 3-6 所示。输入密码后，就可以进入 Windows 10 操作系统。如果 Windows 10 操作系统只有一个账户且没有设置密码时，系统将跳过以上登录界面。

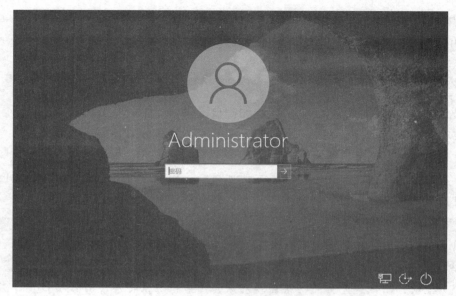

图 3-6 　登录界面

四、Windows 10 的界面组成

1. 桌面

启动 Windows 10 后，首先看到的是桌面，如图 3-7 所示。Windows 10 的桌面由屏幕

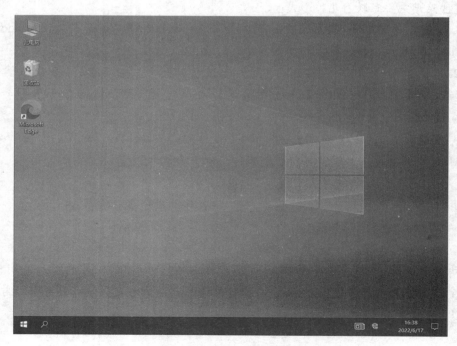

图 3-7 　Windows 10 桌面

背景、图标、开始菜单和任务栏等组成。Windows 10 的所有操作都可以从桌面开始。桌面就像办公桌一样非常直观，是运行各类应用程序、对系统进行各种管理的屏幕区域。

2. 桌面图标

图标是代表 Windows 10 各个应用程序对象的图形。双击应用程序图标可以启动一个应用程序，打开一个应用程序窗口。除此以外，还可以把一些常用的应用程序和文件夹对应的图标添加到桌面上，在"开始"菜单中将应用程序或文件夹的图标拖到桌面上即可。

3. 任务栏

任务栏是默认位于屏幕底部的条形框，包括"开始"按钮、任务切换栏、通知区域、"显示桌面"按钮四部分，如图 3-7 所示。

（1）"开始"按钮：位于任务栏左侧，用于打开"开始"菜单。

（2）任务切换栏：位于任务栏的中间部分，显示已打开的程序和文件的按钮，可以在它们之间进行快速切换，并可将程序锁定到任务栏。将常用的程序锁定到任务栏后，可以始终在任务栏看到这些按钮，并通过单击方便地对其进行访问。

（3）通知区域：用于对指定对象的指示或快速设置。系统配置不同，指示个数和内容会有所不同，一般包括音量、时间、输入法及网络连接等状态指示。

（4）"显示桌面"按钮：单击任务栏最右边的长方形框，即可将桌面上所有打开的窗口最小化为任务栏上的图标按钮，显示桌面。

五、Windows 10 的窗口

在 Windows 10 中，窗口一般可分为系统窗口和程序窗口。两者在功能上虽有差别，但组成部分基本相同。现以"资源管理器"窗口为例进行简单介绍，如图 3-8 所示。

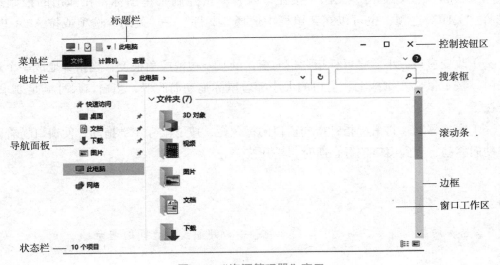

图 3-8 "资源管理器"窗口

1. 窗口的主要组成元素

（1）标题栏：显示文档和程序的名称。

（2）菜单栏：包含对本窗口进行操作的命令，以及对正在运行的应用程序或打开的文档进行操作的命令。

（3）地址栏：显示当前文件的路径。

（4）导航面板：在这个面板中，整个计算机的资源被划分为快速访问、此电脑和网络三大类，可以更好地组织、管理及应用资源。

（5）状态栏：位于窗口的最底部，用于显示窗口的当前状态及当前操作等信息。

（6）控制按钮区：位于标题栏的右端，包括"最大化""最小化"和"关闭"按钮，用于改变窗口的状态。

（7）搜索框：搜索框具有在计算机中搜索文件和程序的功能。

（8）滚动条：当窗口显示内容较多时，可拖动滚动条显示窗口外的内容。

（9）边框：边框是指围住窗口的 4 条边，用鼠标拖动边框，可放大或缩小窗口。

（10）窗口工作区：窗口的内部区域，用于显示窗口内容。

2. 窗口的操作

（1）窗口最大化：将窗口调整到充满整个屏幕。单击"最大化"按钮或双击标题栏，也可以单击控制菜单图标，在弹出的控制菜单中选择"最大化"选项。

（2）窗口最小化：将窗口缩小到任务栏上。单击"最小化"按钮，或者单击控制菜单图标，在弹出的控制菜单中选择"最小化"选项。

（3）窗口还原：从最大化状态还原到原来大小。在已经最大化的窗口中，原来的"最大化"按钮变成了"还原"按钮。单击"还原"按钮或双击标题栏，也可以单击控制菜单图标，在弹出的控制菜单中选择"还原"选项。

（4）窗口关闭。单击"关闭"按钮，或者单击控制菜单图标，在弹出的控制菜单中选择"关闭"选项，也可以在菜单栏中选择"文件"→"关闭"选项或按 Alt + F4 组合键。

（5）改变窗口大小。将鼠标指针指向窗口的某一边框或角框上，当指针变成一个双向箭头时，按下鼠标左键拖动，窗口的大小随着鼠标拖动而改变，当窗口尺寸满足要求时，松开按键。

（6）窗口移动。将鼠标指针指向窗口的标题栏，按下鼠标左键拖动，使窗口随着鼠标的拖动而移动，直到窗口位置合适时，松开按键。

🔊 小提示

　　双击标题栏，也可以实现窗口最大化和窗口还原大小之间的切换。

六、Windows 10 的文件和文件夹管理

(一) 文件和文件夹的概念

文件是存储在辅助存储器中的一组相关信息的集合，它可以是存放的程序、文档、图片、声音或视频信息等。为了便于对文件进行管理，系统允许用户给文件设置或取消有关的文件属性，如只读属性、隐藏属性、存档属性、系统属性。

文件夹是磁盘上组织程序和文档的一种容器，其中既可包含文件，也可包含文件夹(子文件夹)。磁盘中的文件通过文件夹进行分组存放，可以使文件的查找和管理变得更加方便、有效。

目录是一种特殊的文件，用以存放普通文件或其他的目录。磁盘格式化时，系统自动地为其创建一个目录(称为根目录)，用户可以根据需要在根目录中创建低一级的目录(称为子目录或子文件夹)，子目录中还可以再创建下一级的子目录，从而形成树形目录结构，目录也可以设置相应的属性。

路径是从盘符经过各级子目录到文件的目录序列。由于文件可以在不同的磁盘、不同的目录中，所以在存取文件时，必须指定文件的存放位置。

在 Windows 系统中，文件名由主文件名和扩展名两部分组成，中间用小数点隔开，其中主文件名是必须有的，扩展名可以省略。

拓展提高

文件或文件夹的命名应符合以下要求：

(1) 文件或文件夹名称中可以使用汉字字符、26 个大小写英文字母、0 ~ 9 十个阿拉伯数字和一些特殊字符，并支持长度不超过 255 个字符(含扩展名)的长文件名；

(2) 文件或文件夹命名时不允许使用的字符有 \、/、:、、*、? 、"、<、>、|；

(3) 文件或文件夹名称中的英文字母不区分大小写；

(4) 文件的扩展名的长度一般不超过 3 个字符；

(5) 在同一存储位置不能有文件名完全相同的文件或文件夹；

(6) 文件或文件夹命名时不能使用的文件名有 Aux、Com2、Com3、Com4、Con、Lpt1、Lpt2、Prn、Nul，因为系统已经对这些文件名进行了定义。

(二) 文件资源管理器

在 Windows 10 操作系统中，文件资源管理器采用了 Ribbon 界面，并使用了选项卡和功能区的形式，便于用户的管理。

1. 启动资源管理器

（1）选择"开始"菜单→"Windows 系统"→"文件资源
管理器"命令，如图 3-9 所示，即可打开资源管理器。

（2）双击桌面的"此电脑"图标。

（3）在"开始"菜单上单击鼠标右键，并在弹出的快捷
菜单中选择"文件资源管理器"命令。

2. 展开、隐藏功能区

打开资源管理器后，在右侧单击"展开功能区"按钮（或
按 Ctrl + F1 组合键），如图 3-10 所示，即可展开功能区，如
图 3-11 所示。再次单击该按钮，即可隐藏功能区。

3. 选项卡

选择一个文件夹，资源管理器出现 4 个选项卡，分别为
"文件""主页""共享""查看"，如图 3-12 所示。

（1）"文件"选项卡。如图 3-13 所示，在"文件"选项
卡中可以快速打开常用位置。选择"更改文件夹和搜索选项"
命令，弹出"文件夹选项"对话框，可以对打开项目、文件
和文件夹视图、搜索等方面进行设置，如图 3-14 所示。

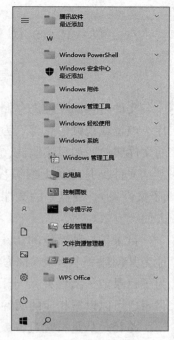

图 3-9 "开始"菜单

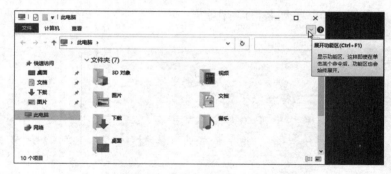

图 3-10 "展开功能区"按钮

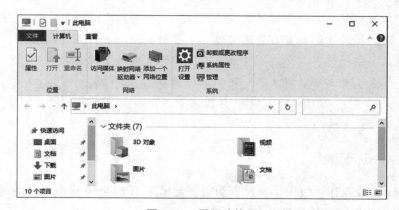

图 3-11 展开功能区

图 3-12 资源管理器

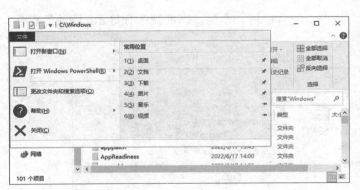

图 3-13 "文件"选项卡

图 3-14 "文件夹选项"对话框

（2）"主页"选项卡。"主页"选项卡包含对文件或文件夹的新建、打开、移动、复制、属性设置等操作，如图 3-15 所示。

图 3-15 "主页"选项卡

（3）"共享"选项卡。"共享"选项卡中包含对文件的发送和共享等操作，如图 3-16 所示。

图 3-16 "共享"选项卡

（4）"查看"选项卡。"查看"选项卡包含窗格、布局、当前视图和显示 / 隐藏等操作，如图 3-17 所示。

图 3-17 "查看"选项卡

拓展提高

如图 3-18 所示，"开始"菜单中，在"文件资源管理器"上单击鼠标右键，在弹出的快捷菜单中选择"固定到'开始'屏幕"命令，可将文件资源管理器固定到右侧栏中；若在弹出的快捷菜单中选择"更多"→"固定到任务栏"命令，可将文件资源管理器固定到任务栏。固定后，在"开始"菜单右侧栏或任务栏中都可单击图标快速启动资源管理器，如图 3-19 所示。

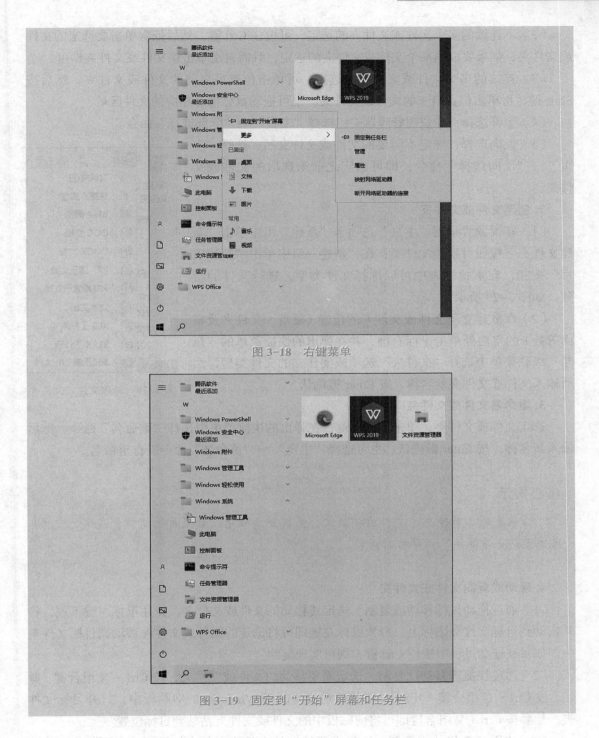

图 3-18　右键菜单

图 3-19　固定到"开始"屏幕和任务栏

（三）文件和文件夹的基本操作

1. 文件或文件夹的选定

（1）单个文件或文件夹的选定，直接用鼠标单击即可选定。

（2）不连续的多个文件或文件夹的选定，可按住 Ctrl 键，然后依次单击要选定的文件或文件夹；如果要取消某个文件或文件夹的选定，只需再次单击该文件或文件夹即可。

（3）连续的多个文件或文件夹的选定，可单击位置最靠前的文件或文件夹，然后按 Shift 键，再单击位置最末的文件或文件夹，也可拖动鼠标框选相应的文件区域。

（4）全部选择：在资源管理器中，选择"主页"→"全部选择"命令。

（5）反向选择：选定不需要的文件或文件夹后，选择"主页"→"反向选择"命令，即可选定之前未选取的文件或文件夹。

2. 创建文件或文件夹

（1）在资源管理器"主页"选项卡"新建"组中单击"新建文件夹"按钮可新建文件夹；在"新建"组中单击"新建项目"按钮，在下拉列表中可以选择文件类型，进行文件的新建，如图 3-20 所示。

（2）在欲建立新文件或文件夹的位置（磁盘、文件夹及桌面等处）的空白处单击鼠标右键，并在弹出的快捷菜单的"新建"级联菜单中选择"文件夹"选项或要建立的文件类型，然后输入文件或文件夹的名称，按 Enter 键确认。

图 3-20　新建文件或文件夹

3. 重命名文件或文件夹

选定文件或文件夹，单击鼠标右键，在弹出的快捷菜单中选择"重命名"命令，然后输入新名称，按 Enter 键确认；也可选择"主页"→"重命名"命令进行重命名。

◀) 小提示

　　如果重命名时改变了文件的扩展名，系统就会弹出"如果更改文件扩展名，文件可能无法正常使用"的警告对话框。

4. 移动或复制文件或文件夹

（1）通过拖动鼠标移动或复制。选定要移动的文件或文件夹，按住鼠标左键不放，将其拖动到目标文件夹图标上，释放鼠标左键即可将选定的文件或文件夹移动到目标文件夹中。如果在拖动过程中按住 Ctrl 键，则可实现复制。

（2）通过快捷键移动或复制。选定需要移动的文件或文件夹，按 Ctrl + X 组合键（剪切）或 Ctrl + C 组合键（复制），将其剪切或复制到 Windows 的剪贴板中，打开目标文件夹，然后按 Ctrl + V 组合键即可将剪贴板中的文件或文件夹粘贴到目标位置。

（3）使用菜单移动或复制。选定需要移动的文件或文件夹，选择"主页"→"移动到"或"复制到"命令，在下拉列表中选择目标位置。

（4）使用右键菜单移动或复制。选定需要移动的文件或文件夹，单击鼠标右键，在弹出的快捷菜单中选择"移动"或"复制"命令，在目标位置再次单击鼠标右键，在弹出的快捷菜单中选择"粘贴"命令。

5. 删除文件或文件夹

（1）选定文件或文件夹，然后按 Delete 键。

（2）在选定对象上方单击鼠标右键，在弹出的快捷菜单中选择"删除"命令。

（3）选择"主页"→"删除"命令。

◀)) 小提示

　　此时删除的文件被移入了回收站中，可以在回收站中将其还原。如果想彻底删除文件或文件夹，则可先按 Shift 键，再按 Delete 键。

6. 查找文件或文件夹

在文件资源管理器右侧的"搜索框"输入需要搜索的文件或文件夹名称，就会将搜索的结果显示出来。

7. 修改文件或文件夹属性

选定相应的文件或文件夹后，单击鼠标右键，在弹出的快捷菜单中选择"属性"选项；或者选择"主页"→"属性"命令，系统将弹出"属性"对话框，如图 3-21 所示。在"属性"对话框中可以设置文件或文件夹"只读""隐藏"等属性。

8. 创建快捷方式

可以为经常使用的文件或文件夹创建快捷方式，以便于日后使用。选定文件或文件夹，单击鼠标右键，在弹出的快捷菜单中选择"创建快捷方式"命令，可以为文件或文件夹在当前位置创建快捷方式；而在弹出的快捷菜单中选择"发送到"→"桌面快捷方式"命令，可以在桌面上为该文件或文件夹创建快捷方式。

图 3-21 "属性"对话框

◀)) 小提示

　　快捷方式是一个扩展名为".lnk"的指针文件，并不是原文件。它本身可以进行复制、移动、删除等操作，删除某个快捷方式并不影响它所指向的文件本身，如果快捷方式所指向的文件不存在，则快捷方式不能正常运行。

七、Windows 10 的退出

在 Windows 10 操作系统中可能运行了很多程序，其占用了大量的磁盘空间保存临时文件，为使系统退出前保存必要的信息，释放临时文件所占的磁盘空间，以保证能够再次正常启动，应该采用正确的退出方式。退出之前，用户应关闭所有正在执行的程序。如果没有关闭，则在退出时系统会询问是否要保存文件、结束有关程序的运行。

退出 Windows 10 的操作步骤：单击"开始"菜单，选择"电源"→"关机"命令。

任务二 Windows 10 操作系统的高级进阶

一、Windows 10 的系统设置

1. 设置系统

选择"开始"菜单→"设置"命令，如图 3-22 所示，系统将弹出"Windows 设置"窗口，如图 3-23 所示。选择"系统"命令可设置其显示、声音、通知、电源等。在"显示"界面（图 3-24），可设置更改文本、应用等项目的大小，以及显示器分辨率、显示方向等内容。

图 3-22 "设置"命令

图 3-23 "Windows 设置"窗口

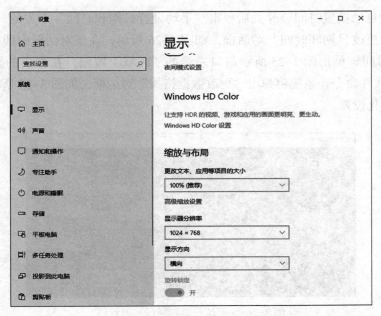

图 3-24　"显示"界面

2. 设置日期和时间

在计算机系统中，默认的时间、日期是根据计算机中 BIOS 的设置得到的，用户可以随时更新日期、时间和区域。

在"Windows 设置"窗口中选择"时间和语言"选项，系统将弹出如图 3-25 所示的窗口，在该窗口中打开"自动设置时间"开关，计算机联网时即会自动更新日期和时间；

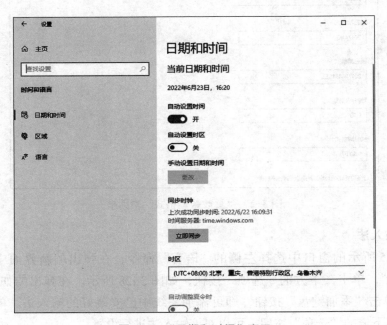

图 3-25　"日期和时间"窗口

还可以关闭"自动设置时间"开关后单击"手动设置日期和时间"下方的"更改"按钮，系统将弹出"更改日期和时间"对话框，如图 3-26 所示，在该对话框中即可手动设置系统的日期和时间。单击图 3-25 所示窗口左侧的"区域"按钮，在弹出的新界面中选择"更改数据格式"命令，系统将弹出"更改数据格式"对话框，如图 3-27 所示，可对数据格式进行个性化设置。

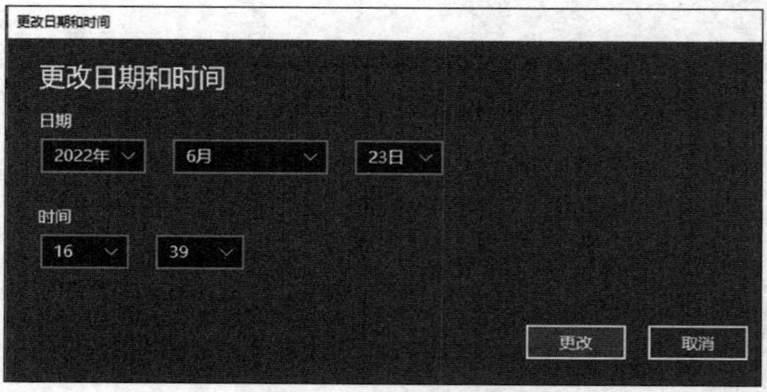

图 3-26 "更改日期和时间"对话框

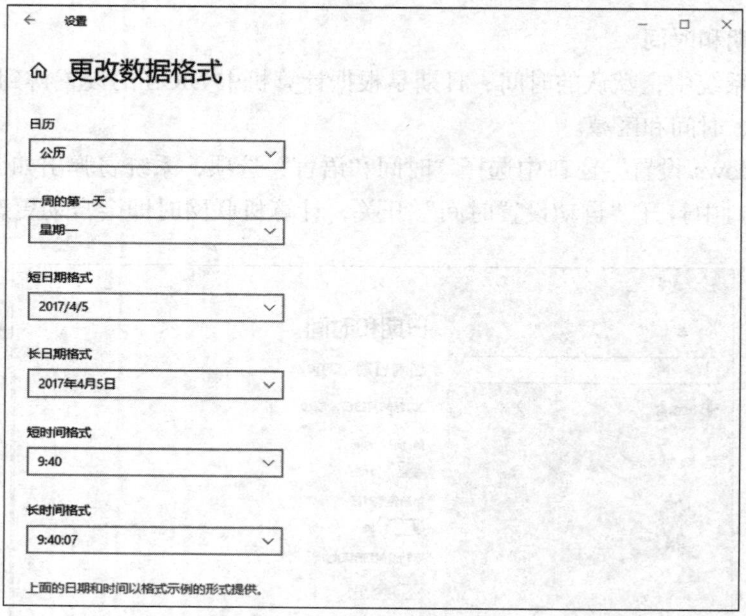

图 3-27 "更改数据格式"对话框

3. 设置输入法

在图 3-25 所示的窗口中选择左侧的"语言"命令，在弹出的新界面中选择"中文（简体，中国）"，单击其下方的"选项"按钮，如图 3-28 所示。在弹出的如图 3-29 所示的新界面中单击"添加键盘"按钮，即可添加系统中已安装好的输入法。单击选中输入法，再单击其下方的"选项"按钮，可以对该输入法进行设置。

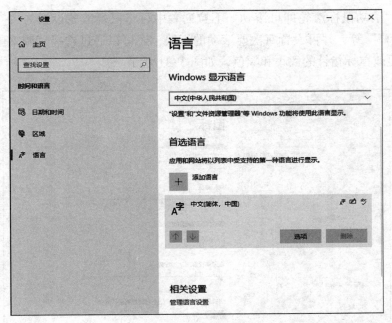

图 3-28 "语言"界面

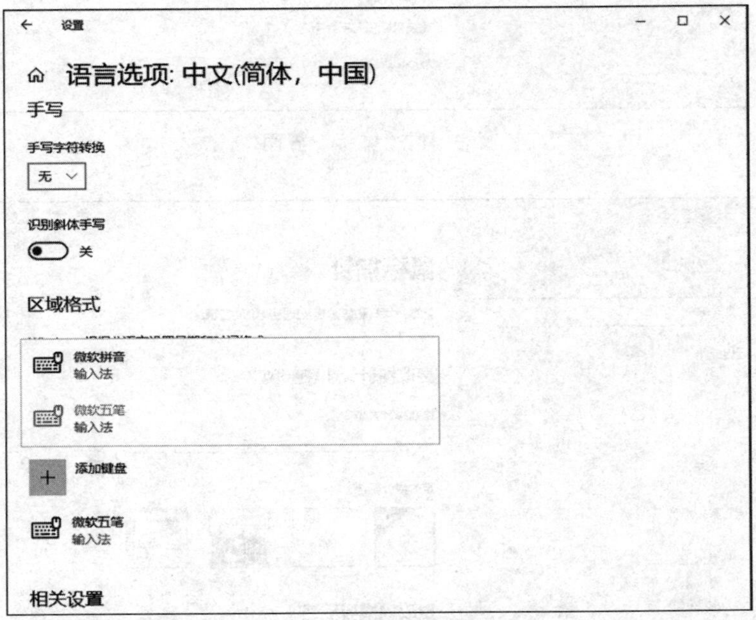

图 3-29 添加键盘

4. 设置鼠标

在图 3-23 所示的"Windows 设置"窗口中选择"设备"选项，系统将弹出设置窗口，在该窗口中单击左侧的"鼠标"按钮，将弹出如图 3-30 所示的新界面。在新界面右侧"选择主按钮"下拉列表中选择"向左键"或"向右键"，设置鼠标左键或鼠标右键为

主按钮；在"滚动鼠标滚轮即可滚动"下拉列表中可将鼠标滚轮设置为"一次多行"或"一次一个屏幕"等，并可设置每次要滚动的行数；还可以通过选择"调整鼠标和光标大小"选项来更改鼠标指针的大小和颜色，如图 3-31 所示。

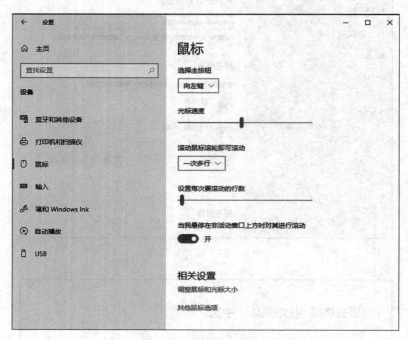

图 3-30 "鼠标"界面

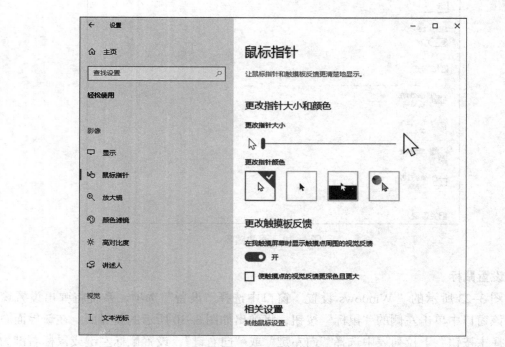

图 3-31 鼠标指针

5. 设置账户

在图 3-23 所示的"Windows 设置"窗口中选择"账户"选项，系统将弹出账户设置窗口，在该窗口中单击左侧的"登陆选项"按钮，将可为账户选择登录的方式，如图 3-1 所示；选择"其他用户"→"将其他人添加到这台电脑"命令，如图 3-32 所示，在弹出的新对话框中的"用户"上单击鼠标右键，在弹出的快捷菜单中选择"新用户"命令，如图 3-33 所示，即可设置新账户名称和密码，添加新账户。

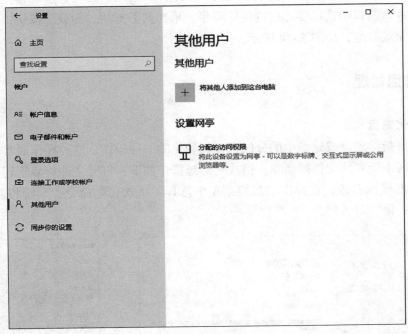

图 3-32　其他用户

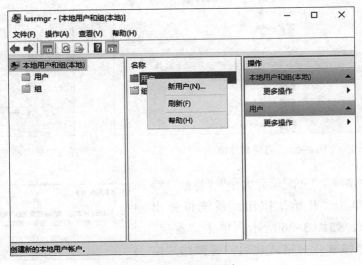

图 3-33　创建新用户

二、应用程序管理

1. 安装应用程序

一般的应用程序都有自己的安装程序，运行其安装程序即可安装该程序。

2. 卸载应用程序

在图 3-23 所示的"Windows 设置"窗口中选择"应用"选项，系统将弹出应用程序管理窗口，在该窗口中选择要卸载的应用程序，单击其下方的"卸载"按钮，即可启动程序卸载功能完成卸载，如图 3-34 所示。

三、磁盘管理

1. 格式化磁盘

格式化是指对磁盘或磁盘中的分区进行初始化的一种操作，这种操作通常会导致现有的磁盘或分区中所有的文件被清除。格式化磁盘操作如下：打开文件资源管理器，选择一个盘符，单击鼠标右键，在弹出的快捷菜单中选择"格式化"命令，系统将弹出图 3-35 所示的"格式化"对话框。

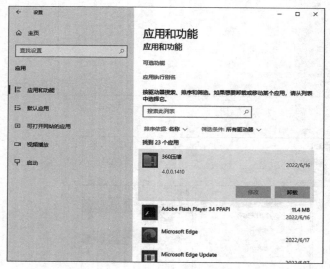

图 3-34 应用和功能

图 3-35 "格式化"对话框

在对"文件系统""分配单元大小""卷标"等进行设置后，单击"开始"按钮，系统将弹出"警告"对话框，如图 3-36 所示，单击"确定"按钮即开始磁盘格式化。格式化后，将弹出"格式化完毕"对话框，单击"确定"按钮即可。

图 3-36 "警告"对话框

2. 磁盘清理

使用系统自带的"磁盘清理"工具，可以把不需要的软件、系统垃圾、Internet 临时文件、注册表选项等清理干净，从而提高系统的反应速度。磁盘清理操作步骤：选择"开始"菜单→"Windows 管理工具"→"磁盘清理"命令，如图 3-37 所示；系统将弹出"磁盘清理：驱动器选择"对话框，如图 3-38 所示；选择要清理的驱动器，单击"确定"按钮，系统将弹出"磁盘清理"对话框，如图 3-39 所示；勾选要删除的文件，单击"确定"按钮，系统将弹出"磁盘清理"的警示对话框，单击"删除文件"按钮，即可开始进行磁盘清理。

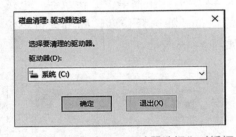

图 3-37　"磁盘清理"命令　　　　图 3-38　"磁盘清理：驱动器选择"对话框

3. 磁盘碎片整理

磁盘碎片是因为文件被分散保存到整个磁盘的不同地方，而不是连续地保存在磁盘连续的簇中形成的。文件碎片一般不会在系统中引起问题，但文件碎片过多会使系统在读取文件时来回寻找，引起系统性能下降，严重的还会缩短硬盘寿命。磁盘碎片整理，就是通过系统软件或专业的磁盘碎片整理软件对计算机磁盘在长期使用过程中产生的碎片和凌乱的文件重新整理，可提高计算机的整体性能和运行速度。

下面使用系统软件来进行磁盘碎片整理，具体步骤如下：选择"开始"菜单→"Windows 管理工具"→"碎片整理和优化驱动器"命令，如图 3-37 所示，系统将弹出"优化驱动器"对话框，选定需要进行磁盘碎片整理的磁盘，单击"分析"按钮可对选定磁盘进行碎片情况的分析。完成后，系统将弹出"分析报告"对话框，提示用户是否进行碎片整理，单击"碎片整理"按钮，即开始对磁盘进行整理。

四、系统自带计算器应用

计算器是 Windows 提供的一个计算工具，既可以实现加、减、乘、除等简单的运算，也具有编程计算器、科学型计算器和统计信息计算器的高级功能。另外，还附带了单位换算、日期计算和工作表等功能。

选择"开始"菜单→"计算器"命令，启动"计算器"程序。"标准"计算器如图 3-40 所示，可进行简单的运算。单击左上角的 按钮，在菜单中选择"科学"命令，如图 3-41 所示，即可打开"科学"计算器，"科学"计算器界面如图 3-42 所示，可进行复杂运算。在菜单中选择"程序员"命令，可打开"程序员"计算器，如图 3-43 所示。在菜单中选择"日期计算"，可进行日期的设定，并可计算两个日期的间隔天数，如图 3-44 所示。在菜单中"转换器"下选择要转换的单位，如选择长度，即可进行单位的换算，如图 3-45 所示。

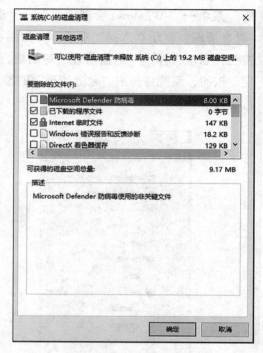

图 3-39 "磁盘清理"对话框

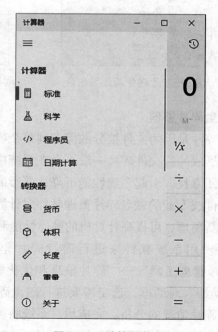

图 3-40 "标准"计算器   图 3-41 计算器菜单

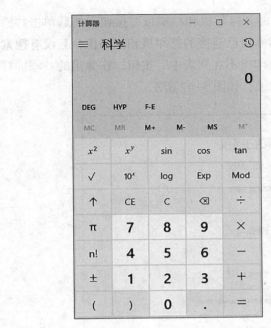

图 3-42 "科学"计算器

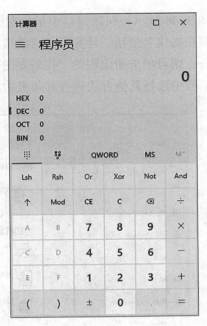

图 3-43 "程序员"计算器

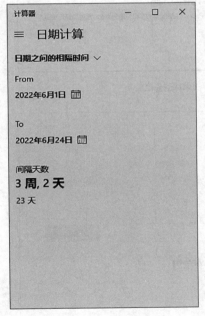

图 3-44 日期计算

图 3-45 长度换算

五、安装打印机

在图 3-23 所示的"Windows 设置"窗口中选择"设备"选项，系统将弹出设备设置

窗口，如图 3-46 所示，在该窗口中单击左侧的"打印机和扫描仪"按钮，然后单击"添加打印机或扫描仪"按钮，计算机将自动搜索本机已连接的打印机和扫描仪，若没有搜索到相应设备，则可单击新出现的"我需要的打印机不在列表中"按钮，在弹出的"添加打印机"对话框中选择其他方式进行打印机的添加，如图 3-47 所示。

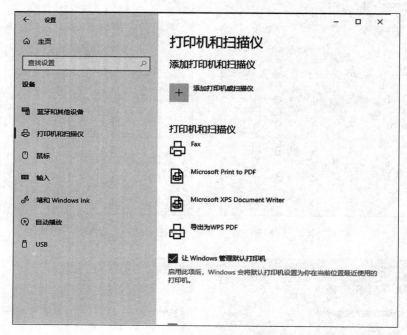

图 3-46　打印机和扫描仪

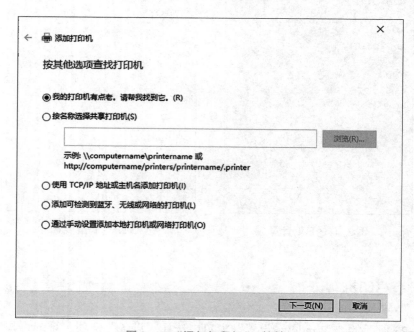

图 3-47　"添加打印机"对话框

任务三　Windows 10 操作系统实操训练

一、打造自己喜爱的 Windows 风格

利用"个性化"菜单，可以打造自己喜爱的 Windows 风格，具体步骤如下：

（1）设置背景。在桌面空白处单击鼠标右键，弹出图 3-48 所示的快捷菜单，选择"个性化"命令，弹出个性化设置窗口，如图 3-49 所示。在右侧"背景"设置中，"背景"下拉列表中有"图片""纯色""幻灯片放映"三种选项，选择不同的选项，会出现不同的设置选项，可根据需要进行设置。下面以"图片"为例进行设置。

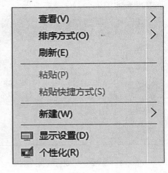

图 3-48　快捷菜单

1）如图 3-49 所示，可以在"选择图片"下选择自己喜欢的图片，也可以单击"浏览"按钮，在弹出的对话框中选取图片。

2）下滑该界面，在"选择契合度"下拉列表中可以选择"填充""适应""拉伸""平铺""居中""跨区"6 种方式，如图 3-50 所示，可以根据图片来选择适合的背景效果。

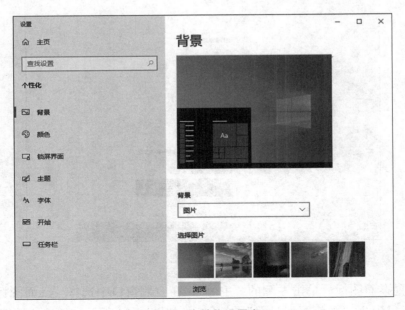

图 3-49　个性化设置窗口

（2）设置颜色。单击左侧的"颜色"，右侧界面显示如图 3-51 所示。在"选择颜色"下拉列表中有"浅色""深色""自定义"三种选项，选择"自定义"，变成图 3-52 所示的界面，可对深浅、明亮、透明效果、颜色进行选择。

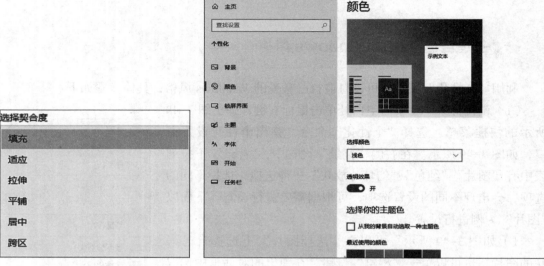

图 3-50　选择契合度　　　　　　　　　　　　　图 3-51　颜色

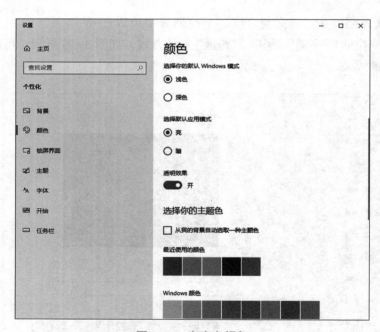

图 3-52　自定义颜色

（3）设置桌面图标。单击左侧的"主题"，在右侧窗口中选择"桌面图标设置"，如图 3-53 所示，弹出"桌面图标设置"对话框，如图 3-54 所示。勾选"计算机""用户

的文件""网络""回收站""控制面板"复选框，即可将这些图标添加到桌面，如图 3-55
所示。

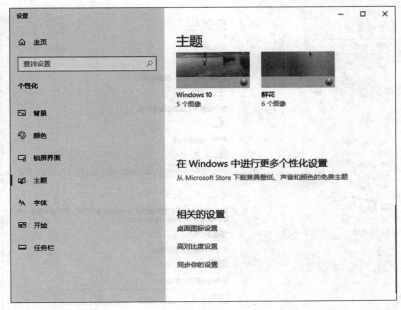

图 3-53 主题

图 3-54 "桌面图标设置"对话框

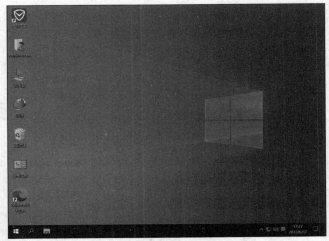

图 3-55 添加桌面图标

（4）设置任务栏。单击左侧的"任务栏"，界面如图 3-56 所示。在"任务栏在屏幕
上的位置"下拉列表中有"靠左""顶部""靠右""底部"四种选项，可通过选择设置任务
栏的位置，默认为底部。下滑界面如图 3-57 所示，在"合并任务栏按钮"下拉列表中有
"始终合并按钮""任务栏已满时""从不"三种选项，可对是否将同类型文件的按钮合并在
一起进行个性化选择。在图 3-57 所示界面中，单击"选择哪些图标显示在任务栏上"，即

可显示图 3-58 所示的界面，可对显示在任务栏上的图标进行选择。

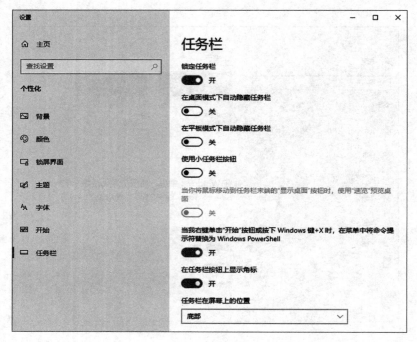

图 3-56　任务栏 1

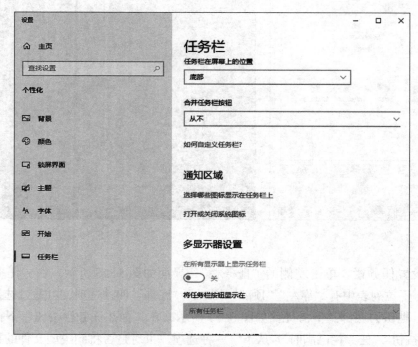

图 3-57　任务栏 2

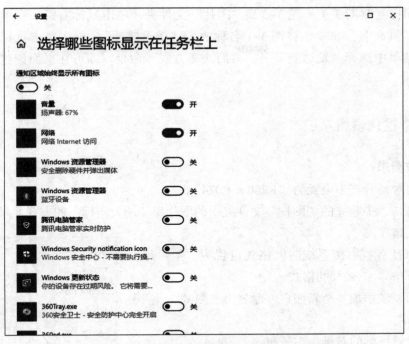

图 3-58　选择哪些图标显示在任务栏上

二、文件和文件夹操作

1. 操作要求

（1）在 E 盘根目录下新建一个文件夹，并以自己的姓名命名（本处以"张三"为例），并在其下新建一个子文件夹，命名为"图片"。

（2）将"素材资源 \ 项目三 \Win10 新特色 .docx"复制到新建的"张三"文件夹，并将其属性设置为只读。

（3）将"素材资源 \ 项目三 \ 图 3-1 ～图 3-5"复制到新建的"图片"文件夹，将图 3-1 重命名为"登录选项"，并为其创建桌面快捷方式。

2. 操作步骤

（1）打开资源管理器，在 E 盘根目录下单击鼠标右键，在弹出的快捷菜单中选择"新建"→"文件夹"命令，并以"张三"命名。进入该文件夹，使用同样的方法新建"图片"文件夹。

（2）选定"素材资源 \ 项目三 \Win10 新特色 .docx"，单击鼠标右键，在弹出的快捷菜单中选择"复制"命令，回到"张三"文件夹，单击鼠标右键，在弹出的快捷菜单中选择"粘贴"命令，即可将"Win10 新特色 .docx"复制到"张三"文件夹内。选定复制来的"Win10 新特色 .docx"文件，单击鼠标右键，在弹出的快捷菜单中选择"属性"命令，在弹出的"属性"对话框中勾选"只读"复选框。

（3）同样复制图 3-1～图 3-5 到"图片"文件夹，单击鼠标右键，在弹出的快捷菜单中选择"重命名"命令，将图 3-1 名称改为"登录选项"。再次单击鼠标右键，在弹出的快捷菜单中选择"发送到"→"桌面快捷方式"命令，即可在桌面创建相应的快捷方式。

三、个性化设置系统

1. 操作要求

（1）将屏幕分辨率设置为"1 280 × 1 024"。

（2）将二、中建立的"图片"文件夹中的图片用"超大图标"的方式显示，并按"大小"的方式排序。

（3）将任务栏右侧系统时间格式设置为"年 - 月 - 日""上 / 下午 × ： ×"的格式。

（4）为系统添加一个新账户，命名为"测试"，密码设为"ceshi"。

（5）设置鼠标的右键为主按钮。

2. 操作步骤

（1）选择"开始"菜单→"设置"命令，在"Windows设置"窗口中选择"系统"选项，在"显示器分辨率"下拉列表中选择"1 280 × 1 024"，如图 3-59 所示，系统将弹出"是否保留这些显示设置？"的提示框，如图 3-60 所示，单击"保留更改"按钮，即可更改显示器的分辨率为"1 280 × 1 024"。

（2）进入"图片"文件夹，单击"查看"标签，在"布局"组中单击"超大图标"按钮，效果如图 3-61所示。

（3）在"Windows 设置"窗口中选择"时间和语言"→"区域"→"更改数据格式"选项，系统将弹出"更改数据格式"窗口，在"短日期格式"下拉列表中选择"2017-04-05"，如图 3-62 所示；在"短时间格式"下拉列表中选择"上午 9：40"格式，如图 3-63 所示。显示效果如图 3-64 所示。

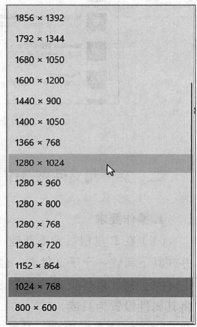

图 3-59　显示器分辨率

是否保留这些显示设置？

在 12 秒内还原为以前的显示设置。

保留更改　　恢复

图 3-60　"是否保留这些显示设置？"提示框

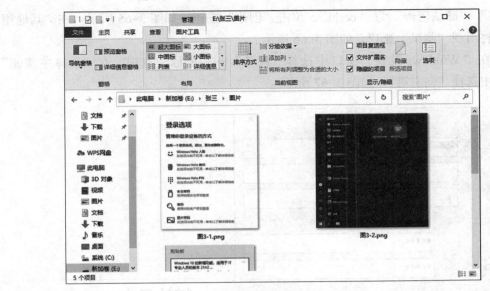

图 3-61　超大图标

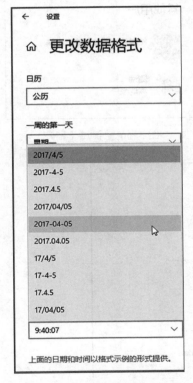

图 3-62　"更改数据格式"窗口

图 3-63　短时间格式

上午 9:40
2022-06-23

图 3-64　时间效果

（4）在"Windows 设置"窗口中选择"账户"→"其他用户"→"将其他人添加到这台电脑"选项，在弹出的新对话框中的"用户"上单击鼠标右键，在弹出的快捷菜单中选择"新用户"命令，在弹出的"新用户"对话框中输入"用户名"为"测试"，"密码"

为"ceshi","确认密码"为"ceshi",单击"创建"按钮,如图3-65所示。在"其他用户"界面将出现"测试"账户,如图3-66所示。

（5）在"Windows设置"窗口中选择"设备"→"鼠标"选项,在"选择主按钮"下拉列表中选择"向右键",如图3-67所示。

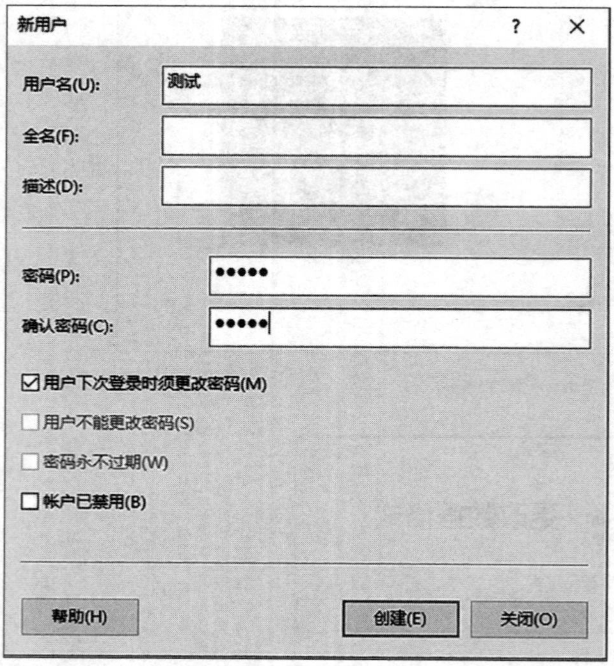

图 3-65　"新用户"对话框

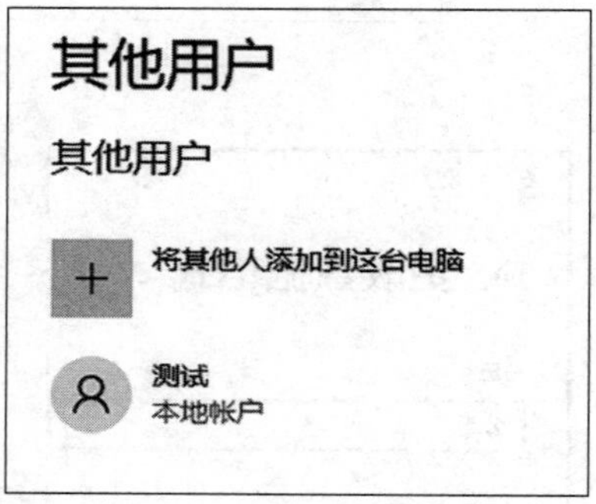

图 3-66　"测试"账户

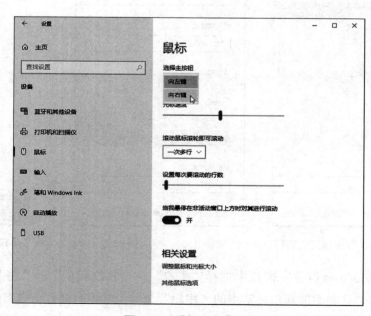

图 3-67　选择"向右键"

❖ 项目小结

　　本项目详细地介绍了 Windows 10 操作系统的使用，其中包括 Windows 10 的启动与退出，鼠标和键盘的操作，Windows 10 的界面组成与窗口，文件和文件夹的操作管理，Windows 10 系统的设置与管理，Windows 10 的常用工具等内容．使学生对 Windows 10 操作系统的功能有一个基本的了解，同时能够根据自己的需要配置工作环境、管理计算机资源、维护和优化系统，为熟练使用计算机奠定基础。

❖ 课后练习

一、选择题

1. 在 Windows 中，对文件的确切定义应该是（　　　）。

　　A. 记录在磁盘上的一组相关命令的集合

　　B. 记录在磁盘上的一组有名字的相关程序的集合

　　C. 记录在磁盘上的一组相关数据的集合

　　D. 记录在磁盘上的一组有名字的相关信息的集合

2. 在 Windows 中，"文件资源管理器"图标（　　　）。

　　A 一定出现在桌面上

　　B. 可以设置到桌面上

　　C. 可以通过单击将其显示到桌面上

　　D. 不可能出现在桌面上

3. 在 Windows 中，当任务栏在桌面的底部时，其右端的"通知区域"显示的是（　　　）。

　　A "开始"按钮

　　B. 用于多个应用程序之间切换的图标

　　C. 快速启动工具栏

　　D. 输入法、时钟等

4. 在 Windows 中，某个窗口的标题栏的右端的三个图标可以用来（　　　）。

　　A. 使窗口最小化、最大化和改变显示方式

　　B 改变窗口的颜色、大小和背景

　　C. 改变窗口的大小、形状和颜色

　　D. 使窗口最小化、最大化和关闭

5. 在 Windows 资源管理器中，选定多个非连续文件的操作为（　　　）。

　　A 按住 Shift 键，单击每一个要选定的文件图标

　　B. 按住 Ctrl 键，单击每一个要选定的文件图标

　　C. 先选中第一个文件，按住 Shift 键，再单击最后一个要选定的文件图标

　　D. 先选中第一个文件，按住 Ctrl 键，再单击最后一个要选定的文件图标

6. 在 Windows 资源管理器中，格式化磁盘的操作可使用（   ）。

A. 左击磁盘图标，选"格式化"命令

B. 右击磁盘图标，速"格式化"命令

C. 选择"文件"菜单下的"格式化"命令

D. 选择"工具"菜单下的"格式化"命令

7. 在 Windows 中，下列文件名中错误的是（   ）。

A. My Program Group   B. filel.file2.bas

C. A<B.C   D. ABC.FOR

二、实操题

1. 在 D 盘根目录下新建一个文件夹，命名为"上机练习"，使用"画图"软件，绘制任意图形，并使用文字工具在右下角输入自己的姓名，保存到新建的文件夹中，命名为"huatu.bmp"。

2. 将桌面背景改为纯色。

3. 更改鼠标指针的大小和颜色。

4. 将开始菜单中的"计算器"应用程序固定到"开始"屏幕。

项目四
文字处理基础与应用（Word 2016）

学习目标

通过本项目的学习，了解 Word 的特点和 Word 2016 界面；掌握 Word 2016 的基本编辑操作、文档格式与排版操作、表格操作、图文混排、打印文档的方法。

能力目标

能熟练应用各种技巧对 Word 2010 进行文字处理，编排出符合要求、版式美观的 Word 文档，并能进行文档打印。

素养目标

具备良好的自主学习能力、交流沟通能力和创新能力。

项目导读

对于一篇文档来说，编排规范、结构清晰、设计良好的文字和段落，可以给人留下美好的印象，能让人更加轻松地阅读；反之，就会给人造成阅读障碍，影响阅读感受。因此，规范地编排和设计文档中的文字和段落十分重要。本项目主要介绍应用 Word 2016 进行文本的录入、编辑、排版、制作简单表格、打印文档等基本操作。

任务一　走进 Word 2016

Microsoft Office Word（以下简称 Word）是微软公司发布的一款文字处理应用程序。它的主要功能包括文档的排版、表格的制作与处理、图形的制作与处理、页面设置和打印文档等，被广泛应用于各种办公和日常事务处理中。

一、Word 2016 的启动与退出

1. Word 2016 的启动

启动 Word 2016 的方法有很多，常用的有三种：

（1）利用开始菜单方式。通过单击"开始"→"Word 2016"命令即可启动 Word 2016，如图 4-1 所示。

（2）利用快捷方式。通过双击桌面上的 Word 2016 快捷方式图标可以快速启动 Word 2016。

（3）利用已有文档。双击计算机中已经存在的 Word 文档，在打开文档的同时也就启动了 Word 2016 应用程序。

2. Word 2016 的退出

编辑完文档并保存后，可以退出 Word 应用程序，常用的方法有四种：

（1）单击应用程序窗口右上角的"关闭"按钮，即可退出 Word 2016 应用程序。

（2）在标题栏空白处单击鼠标右键，从弹出的快捷菜单中选择"关闭"命令，如图 4-2 所示，即可退出 Word 2016 应用程序。

图 4-1　开始菜单

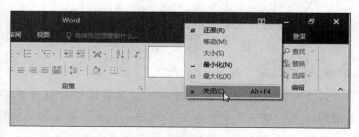

图 4-2　使用快捷菜单关闭 Word

（3）使用快捷键（Alt + F4）将退出 Word 2016 应用程序。

（4）单击"文件"→"关闭"命令，将关闭当前 Word 文档，但不退出应用程序，如图 4-3 所示。

二、Word 2016 工作界面

Word 2016 工作界面主要包括标题栏、快速访问栏、"文件"按钮、功能区、文档编辑区、滚动条、状态栏、视图切换区、比例缩放区等，如图 4-4 所示。

（1）标题栏。标题栏显示正在编辑的文档名称和程序名称；右侧显示窗口的最小化按钮、最大化按钮和关闭按钮三个控制按钮。

图 4-3　关闭文档

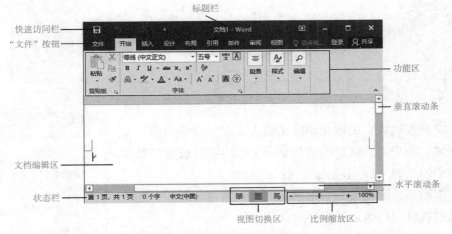

图 4-4　Word 2016 工作界面

◀») 小提示

　　在最小化按钮的左边有一个"功能区显示选项"按钮，单击该按钮，在弹出的下拉菜单中有"自动隐藏功能区""显示选项卡""显示选项卡和命令"三种功能区的显示方式，如图 4-5 所示。用户可根据实际情况选择最适合的显示方式。

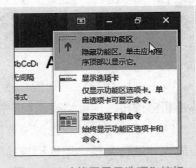

图 4-5　"功能区显示选项"按钮

（2）快速访问栏。快速访问栏主要包括一些常用命令，如"保存""撤销""恢复""另存为"等。在快速访问栏的最右端是一个下拉按钮，单击此按钮，在弹出的下拉列表中可以在快速访问栏中添加其他常用命令。

（3）"文件"按钮。"文件"按钮是一个类似菜单的按钮，位于 Word 2016 窗口的左上角。单击"文件"按钮可以打开"文件"面板，包含"信息""新建""打开""保存""另存为""打印""共享""导出""关闭"等常用命令，如图 4-3 所示。

（4）功能区。功能区由选项卡、组和命令按钮组成，一般包含"开始""插入""设计""布局""引用""邮件""审阅"和"视图"等选项卡，单击选项卡可展开相应组的命令按钮，然后选择命令按钮完成所需的操作，如图 4-4 所示。有些组的右下角有一个 ⌐ 按钮，将鼠标放在该按钮上时，可预览对应的对话框或窗格，如图 4-6 所示，单击该按钮则弹出对应的对话框或窗格。

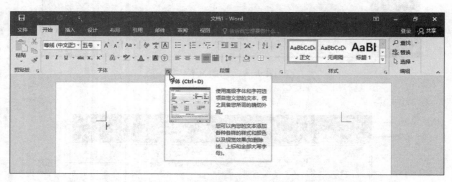

图 4-6 "功能区"按钮

（5）文档编辑区。文档编辑区是输入文字、表格和图片等数据的区域，用户可在这里编辑和显示文档内容及设置其格式外观。其中闪烁的"I"形光标即为插入点。

（6）滚动条。滚动条分为水平滚动条和垂直滚动条，拖动滚动条可以查看文档中未显示的内容。

（7）状态栏。状态栏用于显示当前文档的页数、字数、使用语言、输入状态等信息。用户也可以自定义状态栏中要显示的信息。将鼠标指针放到状态栏上并右击，在弹出的"自定义状态栏"的快捷菜单中即可选择要显示的功能，如图 4-7 所示。

（8）视图切换区。视图切换区用于切换文档的视图方式，单击相应按钮，即可切换到相应视图。

（9）比例缩放区。比例缩放区用于对编辑区的显示比例和缩放尺寸进行调整，用鼠标拖动缩放滑块后，标尺右侧会显示缩放的具体数值。

图 4-7 自定义状态栏

◀) 小提示

在"视图"选项卡的右侧有一个"告诉我您想要做什么…"搜索栏，如图 4-6 所示。"告诉我您想要做什么…"搜索栏是全新的 Office 助手，非常实用，它提供了一种全新的智能化命令查找方式。在使用 Word 的过程中，"告诉我您想要做什么…"搜索栏可以提供多种不同的帮助，如添加批注、插入脚注或解决其他故障等。

三、文档的创建与保存

（1）启动 Word 2016，选择"空白文档"命令，系统会自动创建一个新文档。

（2）选择"文件"→"另存为"命令，弹出"另存为"选项，如图 4-8 所示，双击"这台电脑"，将弹出"另存为"对话框，选择文件的保存路径，在"文件名"文本框中输入文件的名称，"保存类型"选择"Word 文档"。设置完毕，单击"保存"按钮，如图 4-9 所示。

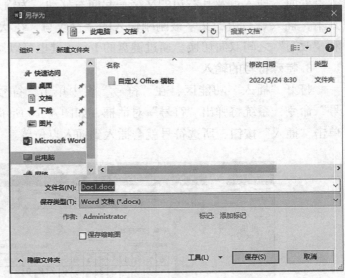

图 4-8 "另存为"选项　　　　　　　　图 4-9 "另存为"对话框

四、文档的输入与编辑

（一）输入字符

在 Word 文档窗口中，可以自由选择任何一种输入法输入字符，字符始终输入在插入点位置。插入点是指光标闪烁的位置，每输入一个字符，插入点自动后移。按 Enter

键，在插入点处插入一个段落标记，表示此位置后另起一段，插入点自动移至新段落的段首。

段落标记是 Word 格式应用范围的一个重要识别标记，许多关于段落格式的设置会自动应用于整个段落范围。若在输入内容时不想进行分段，但需要另起一行，可以按 Shift + Enter 组合键，插入一个叫作"软回车"的换行符标记。

Word 使用完一个页面后会自动分页，若想在某一位置另起一页，只要将插入点定位于该处，按 Ctrl + Enter 组合键插入一个分页符，表示在此处另起一页。

1. 移动插入点

可以使用鼠标单击或使用光标移动键在正文区域内随意移动插入点。有时可以使用键盘输入快捷键的方法快速移动光标，如按 Home 键可将插入点光标移到行首；按 End 键可将插入点光标移到行尾；按 Ctrl + Home 组合键可将插入点光标移到文首；按 Ctrl + End 组合键可将插入点光标移到文末。在文本编辑区的空白位置双击，可以将插入点移到该处。

2. 输入模式

输入字符有插入和改写两种工作模式。在"插入"模式下，当输入的字符插入到原插入点处时，插入点及其右边的文字一起向右移动，为输入的字符腾出空间；在"改写"模式下，插入点右边的文字被刚刚输入的字符改写。在状态栏中，单击按钮即可在"插入"和"改写"之间双向切换。通过键盘的 Insert 键也可以切换插入状态与改写状态。

3. 特殊符号的输入

打开"插入"功能区，在"符号"组中单击"符号"后的下拉按钮，选择"其他符号"命令，系统将弹出"符号"对话框，如图 4-10 所示，在该对话框中选择所需的符号，单击"插入"按钮，所选符号就会插入到插入点位置。

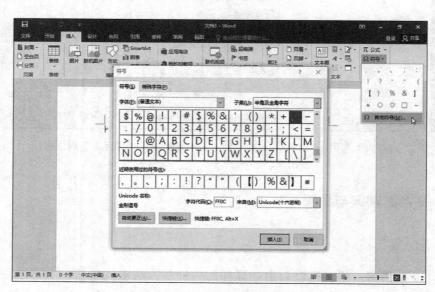

图 4-10 "符号"对话框

◀)) 小提示

在文档空白区域的任意位置处双击，可以启动 Word 的"即点即输"功能，此时插入点定位在该位置，此后输入的文本或插入的图标、表格或其他对象将出现在该插入点处。

（二）选定文本对象

在对文档内容进行编辑之前，需要先选中所要编辑的内容，也就是要指明对哪些内容进行编辑。文档中被选中的文本以蓝色背景显示。选取文本对象有多种方法，可以使用键盘选择，也可以使用鼠标选择。

（1）用鼠标选定文本，方法见表 4-1。

表 4-1　用鼠标选定文本的各种操作方法

所选文本	鼠标的操作
任何数量的文字	从左或右拖过这些文字
一个单词	双击该单词
一个图形	单击该图形
一行文字	在左侧选择区单击
多行文字	在左侧选择区向上或向下拖动鼠标
一个句子	按住 Ctrl 键，然后在该句的任意位置单击
一个段落	在左侧选择区双击
多个段落	在左侧选择区向上或向下拖动鼠标
一大块文字	在开始处单击，然后滚动到所选内容结束的位置，按住 Shift 键并单击
整篇文档	在左侧选择区三击鼠标
垂直文字块	按住 Alt 键然后拖动鼠标

（2）用键盘选定文本，方法见表 4-2。

表 4-2　用键盘选定文本的方法

所选文本	按键
右侧一个字符	Shift + 右箭头
左侧一个字符	Shift + 左箭头
单词结尾	Ctrl + Shift + 右箭头
单词开始	Ctrl + Shift + 左箭头
行尾	Shift + End
行首	Shift + Home

续表

所选文本	按键
下一行	Shift + 下箭头
上一行	Shift + 上箭头
段尾	Ctrl + Shift + 下箭头
段首	Ctrl + Shift + 上箭头
下一屏	Shift + PgDn
上一屏	Shift + PgUp
整篇文档	Ctrl + A
文档中具体位置	先按 F8 键，然后使用箭头键；Esc 键可取消选定模式
纵向文本块	先按 Ctrl + Shift + F8 组合键，然后使用箭头键；Esc 键可取消选定模式

（三）文本的删除、移动和复制

1. 删除文本

（1）删除字符。在输入文本时难免会有错误，可以移动插入点，用退格键删除插入点左边的一个字符，或者用 Delete 键删除插入点右边的一个字符。

（2）删除文本。选取要删除的文本内容，按退格键或 Delete 键即可将选中的文本全部删除。

2. 移动文本

在编辑文档的过程中，通常需要将某些文本从一个位置移到另一个位置，可以采取以下方法移动文本：

（1）选取要进行移动的文本内容，按 Ctrl + X 组合键或单击鼠标右键选择"剪切"命令，选中的文本内容被剪切到剪贴板；将插入点移动到想要的位置，按 Ctrl + V 组合键，即可完成移动任务。

（2）选取要进行复制的文本内容，将鼠标放在选取的文本上，按住鼠标左键将需要复制的内容拖动到要移动到的位置，松开鼠标左键，即完成文本移动。此方法适用于短距离移动文本。

3. 复制文本

在编辑文档的过程中，对于相同或类似的文本，可以将其进行复制，而不需要重复输入。可以采取以下方法复制文本：

（1）选取要进行复制的文本内容，按 Ctrl + C 组合键或单击鼠标右键选择"复制"命令，选中的文本内容被复制到剪贴板。将插入点移动到想要粘贴文本内容的位置，按 Ctrl + V 组合键或单击鼠标右键选择"粘贴"命令，即可完成复制任务。

（2）选取要进行复制的文本内容，将鼠标放在选取的文本上，按下 Ctrl 键不放，同时按住鼠标左键拖动到要复制的位置，松开鼠标左键和 Ctrl 键，即可完成文本复制。此方法适用于短距离复制文本。

（四）文本的查找与替换

查找与替换功能是编辑文本时非常有用的工具。Word 2016 提供的查找与替换功能可以很轻松地在文档中找到某个字或词，也可以很轻松地将指定范围内的某个字或词替换成其他内容。

1. 查找

单击"开始"功能区"编辑"组中的"查找"按钮，会在窗口左侧弹出"导航"对话框，输入要查找的内容，如图 4-11 所示输入"团队"，即在左侧的导航栏显示出查找结果，并在右侧文档编辑区中高亮显示查找的内容。如果单击"查找"按钮右侧的下拉按钮，选择"高级查找"命令，则系统弹出图 4-12 所示的"查找和替换"对话框，在"查找内容"文本框中输入要查找内容，单击"查找下一处"按钮，则可逐个找到要查找内容。

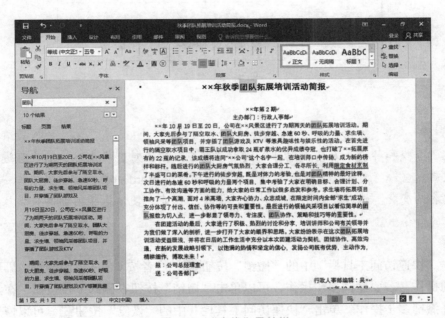

图 4-11 "查找"导航栏

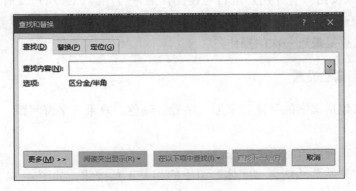

图 4-12 "查找和替换"对话框

2. 替换

若将文档中重复出现多次的字符串替换为新的字符串，可以利用 Word 的替换命令快速完成。单击"开始"功能区"编辑"组中的"替换"按钮，弹出"查找和替换"对话框，如图 4-13 所示。在"查找内容"文本框中输入要替换的内容，在"替换为"文本框中输入替换为的内容，单击"替换"或"全部替换"按钮，即可完成替换。其中，"替换"表示逐一确认后替换；"全部替换"表示一次性全部替换。

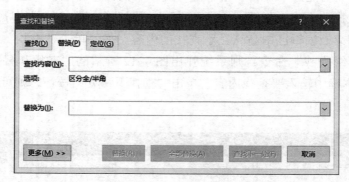

图 4-13　替换

◀) 小提示

在"查找和替换"对话框中可以使用"更多"按钮对查找或替换的内容进行格式上的限制。当进行插入、删除等编辑、排版操作时，Word 将自动记录其中每一步的操作及内容的变化。这种暂时的存储功能，便于用户能方便地撤销前面的失误操作或重复当前的命令。

单击"快速访问工具栏"中的"撤销"按钮，或者按 Ctrl + Z 组合键，即可撤销最近一次的操作。若要撤销多步操作，可以单击"撤销"按钮右侧的下拉按钮，在其下拉列表中选择撤销多步操作。单击"快速访问工具栏"中的"恢复"按钮，可以恢复被撤销的操作。"恢复"按钮只有在用户进行撤销操作后才可用。如果用户没有进行过任何撤销操作，那么"快速访问工具栏"中显示的不是"恢复"按钮，而是"重复"按钮，此时，单击此按钮可以重复最近一次的操作。

（五）字符格式的设置

字符的格式包括文字的字体、字形、字号、颜色、效果、字符间距、字符边框及字符底纹等。

设置字符格式可以采用以下方法：

（1）单击"开始"功能区"字体"组中的相关工具按钮，如图 4-14 所示，或在显示的浮动工具栏中选择相应的命令，如图 4-15 所示，来设置字符常用格式。

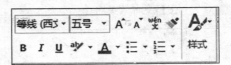

图 4-14 "字体"组 　　　　　　　　图 4-15 浮动工具栏

（2）单击"开始"功能区"字体"组右下角按钮，如图 4-6 所示，或选中文本后单击鼠标右键，在弹出的快捷菜单中选择"字体"命令，在打开的"字体"对话框中设置字符的格式，如图 4-16 所示。

在"字体"对话框的"字体"选项卡中可以进行中文字体、西文字体、字形、字号、字体颜色、下划线线型、下划线颜色、着重号、效果等的设置。用户可以在对话框的"预览"区域中预览每一种格式设置后的显示效果。

在"字体"对话框中单击"高级"标签，打开"高级"选项卡，如图 4-17 所示。在"字符间距"区域中可以对所选文本进行缩放、间距、位置等设置。单击"文字效果"按钮，系统将弹出"设置文本效果格式"对话框，如图 4-18 所示，在该对话框中可以对文本填充、文本边框、填充颜色、阴影、映像、发光、柔化边缘、三维格式等进行设置。

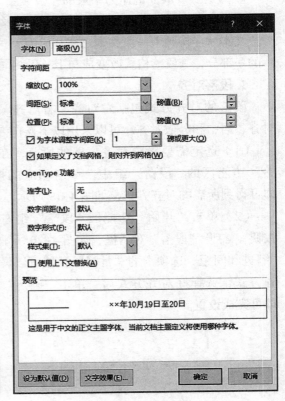

图 4-16 "字体"对话框 　　　　　　　　图 4-17 "高级"选项卡

图 4-18 "设置文本效果格式"对话框

(六)段落格式的设置

段落是以段落标记作为结束的一段文字。每按一次 Enter 键就插入一个段落标记，并开始一个新的段落。如果删除段落标记，那么，下一段文本就连接到上一段文本之后，成为上一段文本的一部分，其段落格式改变成与上一段相同。

1. 段落对齐

段落的对齐方式包括左对齐、右对齐、两端对齐、居中和分散对齐，可以采用以下操作方法：

（1）选定需要设定对齐方式的段落，在"开始"功能区的"段落"组中，单击相应的按钮，即可得到所需的对齐方式，如图 4-19 所示。

（2）单击"开始"功能区"段落"组右下角按钮，打开"段落"对话框，如图 4-20 所示。在"缩进和间距"选项卡的"常规"区域可以设置对齐方式，选择好对齐方式后，单击"确定"按钮即可完成设置。

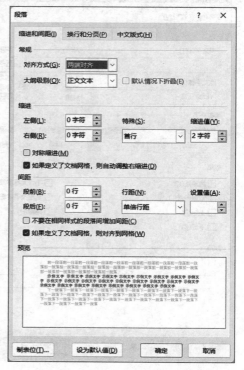

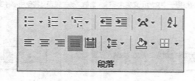

图 4-19 "段落"组

图 4-20 "段落"对话框

2. 段落缩进

段落缩进是指段落的首行缩进、悬挂缩进、左缩进和右缩进几种缩进方式，可以采用以下操作方法：

（1）选定段落，拖动水平标尺中的相应小滑块进行缩进，如图4-21所示。

图 4-21　段落缩进标尺

◀)) 小提示

若 Word 中标尺未显示，可选择"视图"选项卡，在"显示"组中勾选"标尺"。

（2）选定段落，单击"开始"功能区中"段落"组中的"减小缩进量"按钮，被选定的段落向左缩进一个汉字；单击"增加缩进量"按钮，被选定的段落向右缩进一个汉字。

（3）选定段落，按 Tab 键，使被选定的段落向右缩进两个汉字。

（4）选定段落，单击"开始"功能区"段落"组右下角按钮 🔽，或者在选定的段落上单击鼠标右键选择"段落"命令，打开"段落"对话框。在对话框"缩进"区域相应项目右边输入需要缩进的度量值（首行缩进、悬挂缩进在"特殊格式"下拉列表框中选择，度量单位可以通过自行输入修改），如图4-20所示，单击"确定"按钮完成设置。

3. 段落间距和行间距

段落间距是指段落与段落之间的距离；行间距是指行与行之间的距离。设置段落间距、行间距的操作如下：

（1）选定段落，单击"开始"功能区"段落"组中的"行和段落间距"按钮，如图4-22所示，进行行间距和段落间距的简单设置。

（2）选定段落，单击"开始"功能区"段落"组右下角按钮，或者在选定的段落上单击鼠标右键选择"段落"命令，打开"段落"对话框，在"间距"区域进行相应设置，如图4-20所示，单击"确定"按钮完成设置。

4. 段落的边框和底纹

设置段落边框和底纹的操作如下：

（1）选定段落，在"开始"功能区的"段落"组中，单击"底纹"按钮右侧的下拉按钮，可以设置所选段落的底纹；单击"边框"右侧的下拉按钮可以设置所选段落的框线。

（2）选定段落，在"开始"功能区的"段落"组中，单击"边框"右侧的下拉按钮，在下拉列表框中选择"边框和底纹"命令，打开"边框和底纹"对话框进行设置，如图4-23所示。

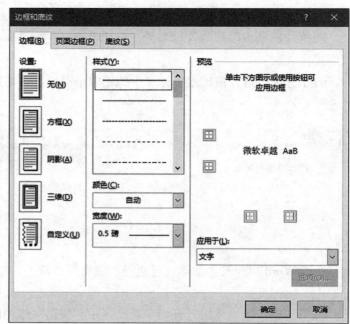

图 4-22　行和段落间距　　　　　　　图 4-23　"边框和底纹"对话框

5. 项目符号和编号

项目符号或编号的作用对象是给所选的段落加项目符号或编号，项目符号或编号的形式可以由用户选择。

具体操作方法：选定段落，在"开始"功能区的"段落"组中，单击"项目符号"按钮右侧的下拉按钮，可以从下拉列表框中选择项目符号形式；单击"编号"按钮右侧的下拉按钮，可以从下拉列表框中选择编号样式。

五、文档排版

1. 页面设置

（1）使用"布局"功能区的"页面设置"组中的相关按钮，可以对文字方向、页边距、纸张方向、纸张大小、分栏等进行设置，单击相应按钮，即可在下拉列表中进行选择，如图 4-24 所示。

（2）单击"布局"功能区"页面设置"组右下角按钮，弹出"页面设置"对话框，如图 4-25 所示。

图 4-24　"页面设置"组

在"页边距"选项卡中，可以在"页边距"区域设置上、下、左、右边距，其是指离每页纸边缘的距离。在"纸张方向"区域可以选择纸张是纵向放置还是横向放置。在"预览"区域的"应用于"中可设置应用范围。在"纸张"选项卡中可以对纸张大小、纸张来源进行设置，如图 4-26 所示。

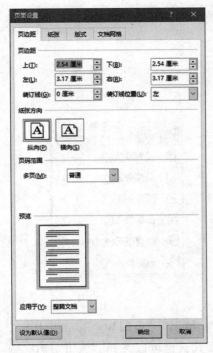

图 4-25 "页面设置"对话框

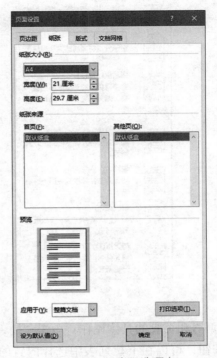

图 4-26 "纸张"选项卡

2. 分页、设置页码

（1）手工分页。Word 2016 具有自动分页的功能，当一页不够用时，自动开始新的一页，这种分页称为自动分页。有时，用户在输入的文字还没写满一页时就希望分页，这时需要进行手工分页操作。如果使用加入多个空行的方法使新的部分另起一页，则会导致修改文档时重复排版，从而增加了工作量，降低了工作效率。借助 Word 2016 中的分页操作，可以有效划分文档内容的布局，而且使文档排版工作简洁高效。手工分页具体操作方法如下：

1）移动插入点到要分页的位置。

2）按 Ctrl + Enter 组合键，或者单击"布局"功能区的"页面设置"组中的"分隔符"按钮，在其下拉列表中选择"分页符"命令，即可完成分页操作，如图 4-27 所示。

（2）添加页码。添加页码可以为文档每一页添加页码，具体操作：单击"插入"功能区的"页眉和页脚"组中的"页码"按钮，显示下拉列表，如图 4-28 所示，在下拉列表中进行选择设置，确定页码显示位置和样式等。

3. 添加页眉和页脚

页眉位于页面上部，一般在上页边距线之上。页脚位于页面下部，一般在下页边距线之下。

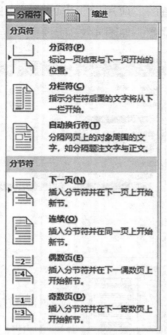

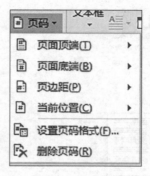

图 4-27 分隔符   图 4-28 页码

　　添加页眉和页脚的具体操作：单击"插入"功能区"页眉和页脚"组中的"页眉"或"页脚"按钮，可以在下拉列表中选择内置的样式，也可以选择"编辑页眉"或"编辑页脚"命令，此时 Word 进入页眉和页脚编辑状态，正文不可编辑；同时，窗口出现页眉和页脚工具"设计"功能区，如图 4-29 所示，在该功能区可应用按钮工具对页眉和页脚进行设计，设计完毕后，单击"关闭页眉和页脚"按钮，即可切换到正文编辑状态，完成操作。

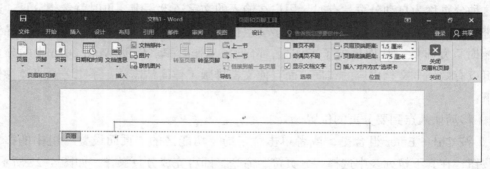

图 4-29 页眉和页脚工具"设计"功能区

4. 分栏排版

　　分栏排版是一种常用的文档编排方式。通过分栏，可以将文档的版面设计成类似报纸、杂志的多栏格式。设置多栏文档的具体操作如下：

　　（1）选中要设置为多栏格式的文本。

　　（2）在"布局"功能区"页面设置"组中单击"分栏"按钮，在下拉列表中选择分栏方式。若选择"更多分栏"命令，则弹出"分栏"对话框，如图 4-30 所示。

（3）在"分栏"对话框中可对栏数、栏的宽度和间距、分隔线、应用范围等进行设置，在"预览"区域可预览分栏情况，单击"确定"按钮即完成分栏。

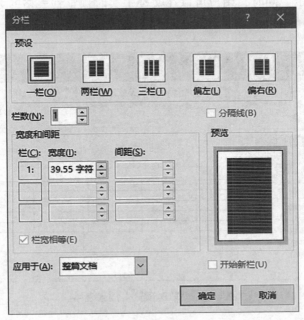

图 4-30 "分栏"对话框

◀)) 小提示

分栏后正文将从最左栏的上端开始排列，一直到最右栏的下面。若多栏正文结束时，可能出现最后一栏编排不满的情况，这时可调整栏长度，使每栏正文的长度对齐。

任务二 Word 2016 高级进阶

一、制作简单表格

（一）创建表格

1. 使用"即时预览"创建表格

使用"即时预览"的方法创建表格，既简单又直观，并且可以让用户即时预览到表格

在文档中的效果。"即时预览"创建表格的具体操作如下：

将插入点置于要插入表格的文档位置，单击"插入"功能区的"表格"组中的"表格"按钮，在下拉列表中的"插入表格"区域，以滑动鼠标指针的方式指定表格的行数和列数，如图 4-31 所示，同时，用户可以在文档中实时预览到表格的大小变化。确定行列数目后，单击鼠标即可将指定行列数目的表格插入到文档中。

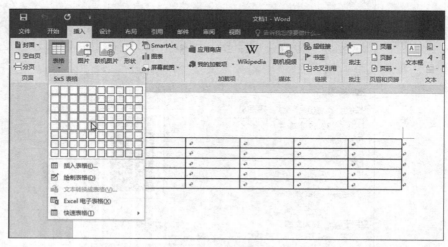

图 4-31 "即时预览"插入表格

此时，窗口出现"表格工具"的"设计""布局"功能区，可以对表格样式和布局进行设置，如图 4-32 所示。

图 4-32 表格"设计"功能区

2. 使用"插入表格"命令创建表格

使用"插入表格"命令创建表格，可以让用户在将表格插入文档之前选择表格尺寸和格式，具体操作如下：

将插入点置于要插入表格的文档位置，单击"插入"功能区的"表格"组中的"表格"按钮，在下拉列表中选择"插入表格"命令。在弹出的"插入表格"对话框中设置列数、行数和"自动调整"操作方式，如图 4-33 所示。设置完毕后，单击"确定"按钮即可将表格插入文档中。

3. 手动绘制表格

手动绘制表格适用创建不规则的复杂表格，具体操作如下：

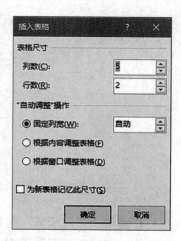

图 4-33 "插入表格"对话框

将插入点置于要插入表格的文档位置，单击"插入"功能区的"表格"组中的"表格"按钮，在下拉列表中选择"绘制表格"命令。此时鼠标指针变为铅笔状，可以先拖动此铅笔绘制出一个大矩形以定义表格的外边界，然后再根据实际需要在矩形内绘制行线和列线。

如果要擦除某条线，可以在"表格工具"的"布局"功能区"绘图"组中单击"橡皮擦"按钮，此时鼠标指针会变为橡皮擦形状，单击需要擦除的线条即可将其擦除，如图4-34所示。擦除后再次单击"橡皮擦"按钮，退出"橡皮擦"模式。

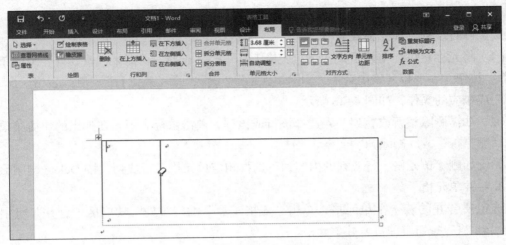

图4-34　橡皮擦

◀) 小提示

Word还支持将文本转换成表格，具体操作如下：

（1）在Word文档中输入文本，并使用制表符、空格、逗号等符号作为分隔符，在开始新行的位置按Enter键，选择要转换为表格的文本。

（2）单击"插入"功能区的"表格"组中的"表格"按钮，在下拉列表中选择"文本转换成表格"命令，弹出"将文字转换成表格"对话框，如图4-35所示。

（3）Word通常会根据用户在文档中输入的分隔符，默认选取对话框中"文字分隔位置"区域的单选按钮，本例默认选取"制表符"单选按钮。同时，Word会自动识别出表格的列数与行数，也可根据实际需要，设置其他选项。确认无误后，单击"确定"按钮，文本即被转换成表格。

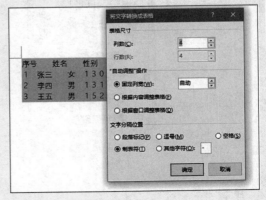

图4-35　"将文字转换成表格"对话框

（二）修改表格结构

1. 插入行、列或单元格

（1）将光标定位在单元格中，在"表格工具"的"布局"功能区"行和列"组中单击"在上方插入""在下方插入""在左侧插入"和"在右侧插入"命令，即可完成行、列或单元格的插入。

（2）如需插入整行或整列，先选择该行或该列，单击鼠标右键，在弹出的快捷菜单中选择"在上方插入行"或"在左侧插入列"命令。

2. 删除行、列、单元格或表格

（1）将光标定位在单元格中，在"表格工具"的"布局"功能区"行和列"组中单击"删除"按钮，在下拉列表中选择"删除单元格""删除列""删除行""删除表格"命令，即可完成相应的操作，如图 4-36 所示。

（2）如需删除整行或整列，先选择该行或该列，单击鼠标右键，在弹出的快捷菜单中选择"删除行"或"删除列"命令。

（3）如删除单元格、行或列的内容，可选择相应单元格、行或列，按 Delete 键删除。

3. 合并单元格

选定要合并的若干个单元格，单击"表格工具"的"布局"功能区"合并"组中的"合并单元格"按钮，即可合并单元格。

4. 拆分单元格

选定要拆分的一个或多个单元格，单击"表格工具"的"布局"功能区"合并"组中的"拆分单元格"按钮，打开"拆分单元格"对话框，如图 4-37 所示，在"列数"和"行数"中输入需要拆分的列数与行数。如果勾选"拆分前合并单元格"复选框，则先合并所选单元格，再将拆分的设置应用于整个所选部分，这样可快速重设表格。设置完毕后，单击"确定"按钮即可完成拆分单元格。

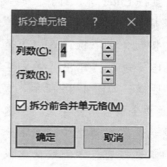

图 4-36　删除表格　　　图 4-37　"拆分单元格"对话框

🔊 小提示

如需将一个大表格拆分成两个表格，可以采用的方法：将插入点置于将作为新表格第一行的单元格中，单击"表格工具"的"布局"功能区"合并"组中的"拆分表格"按钮，即可将表格拆分成两个部分。

如果要合并表格，直接将表格之间的空行删除即可。

5. 改变行高、列宽

改变表格中行高或列宽可以采用以下方法：

（1）通过修改表格属性的方法改变行高或列宽。选定需要改变行高或列宽的表格行，单击"表格工具"的"布局"功能区"表"组中的"属性"命令，弹出"表格属性"对话框，如图 4-38 所示。单击"行"标签，打开"行"选项卡，如图 4-39 所示，勾选"指定高度"复选框，在文本框中输入高度值，单击"确定"按钮，所选行的高度即变为指定的高度值。单击"列"标签，可对列宽进行设置。

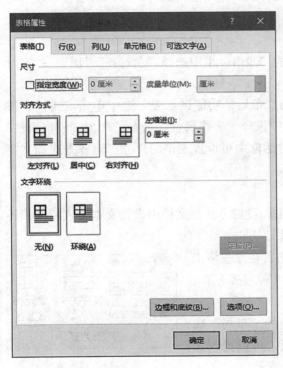

图 4-38　表格属性

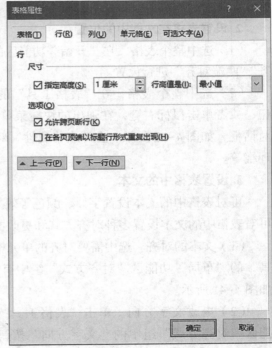

图 4-39　"行"选项卡

（2）用鼠标直接拖动表格线改变表格中的行高或列宽。

（3）选定要改变行高或列宽的单元格，或者移动插入点到表格中（相当于选中整个表格），在标尺上会出现该表格的行高或列宽标记，用鼠标拖动这些标记，即可改变行高或列宽。

（4）利用"表格工具"的"布局"功能区"单元格大小"组中的"高度""宽度"文本框，也可设置行高和列宽，如图 4-40 所示。

在"单元格大小"组中,"分布行"按钮 用于均匀分布各行;"分布列"按钮 用于均匀分布各列。

6. 设置标题行重复

如果一个表格分成了多页,为了醒目,通常在每一页的第一行重复显示表格的标题行,Word 2016 为表格标题的设置提供了非常方便的工具,只要选中标题行,单击"表格工具"的"布局"功能区"数据"组的"重复标题行"按钮,则在每页的表格都会出现标题行。

图 4-40 单元格大小

(三)设置表格格式

1. 快速设置表格格式

在"表格工具"的"设计"功能区"表格样式"组中进行选择,可以快速设置表格的格式。

2. 设置表格在文档中的位置

(1)选中整个表格,在"开始"功能区的"段落"组中选择"左对齐""居中""右对齐""两端对齐"进行设置。

(2)选中整个表格,在"表格工具"的"布局"功能区"表"组中单击"属性"按钮;或者单击鼠标右键,在弹出的快捷菜单中选择"表格属性"命令,弹出"表格属性"对话框,如图 4-38 所示。在"表格属性"对话框中可设置表格的尺寸、对齐方式和文字环绕等。

3. 设置表格中的文本

可对表格中的文本设置字体、颜色等效果,设置方法与文档中设置文本格式相同;还可对表格中的文本设置多种对齐方式和更改文字方向。

(1)文本的对齐。选中需要对齐的单元格,在"表格工具"的"布局"功能区"对齐方式"组中有 9 种对齐方式,如图 4-41 所示。

(2)更改文字方向。单击"表格工具"的"布局"功能区"对齐方式"组中的"文字方向"按钮,可以更改文字方向,有横向、纵向两种方式,如图 4-41 所示。

图 4-41 对齐方式

4. 设置单元格与表格边框和底纹

Word 2016 可以对所选取的表格或部分单元格设置各种框线和底纹,具体操作如下:

选取需要添加框线的单元格或表格,单击"表格工具"的"设计"功能区"边框"组中的"边框"下拉按钮,弹出"边框和底纹"对话框,如图 4-42 所示。在"边框"选项卡中设置合适的边框类型、线型、颜色和线宽;在"底纹"选项卡中设置合适的底纹图案和颜色,如图 4-43 所示。单击"确定"按钮,即可完成边框和底纹的设置。

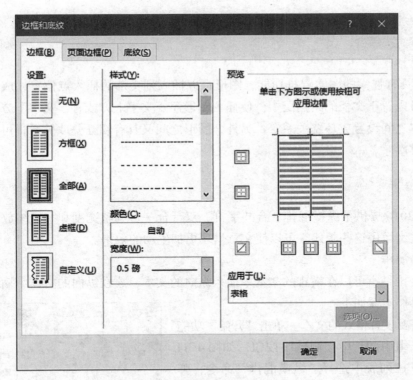

图 4-42　"边框和底纹"对话框

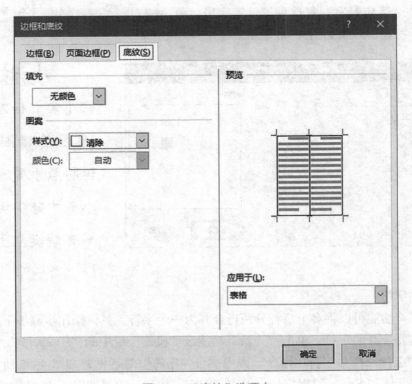

图 4-43　"底纹"选项卡

二、图文混排

Word 具有强大的图文混排功能,图形可以插入到文档的插入点位置,成为文本层的内容;也可以置于文档的绘图层中,使插入图形浮于文字上方或置于文字下方;还可以将图形与文本之间设置成环绕关系等。另外,图形之间又具有相互叠放关系,可以随用户需要改变叠放次序。

(一)特殊中文版式

Word 2016 提供了纵横混排、合并字符、双行合一、调整宽度和字符缩放五种特殊中文版式,适当运用这些版式,可以使文章呈现更加生动的效果。

1. 纵横混排

纵横混排是指可以在横排的文本中插入纵向的文本,或在纵向的文本中插入横排的文本,具体操作步骤如下:

选中需要设置格式的文本。单击"开始"功能区"段落"组中的"中文版式"按钮,如图 4-44 所示,在下拉列表中选择"纵横混排"命令,弹出"纵横混排"对话框,如图 4-45 所示,根据需要,可选中"适应行宽"复选框。设置完毕,单击"确定"按钮,效果如图 4-46 所示。

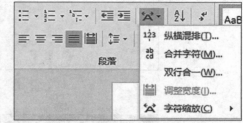

图 4-44 中文版式

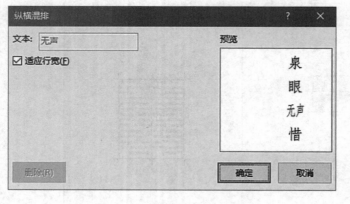

图 4-45 "纵横混排"对话框

图 4-46 纵横混排效果

2. 合并字符

合并字符功能可以将多个字符分两行合并为一个字符,具体操作步骤如下:

选定需要合并的字符,单击"开始"功能区"段落"组中的"中文版式"按钮,在其下拉列表中选择"合并字符"命令,弹出"合并字符"对话框,如图 4-47 所示,设定合并后字符的字体和字号。设置完毕,单击"确定"按钮,效果如图 4-48 所示。

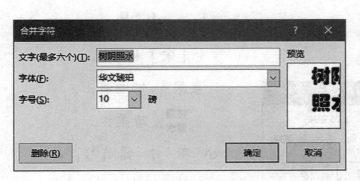

图 4-47 "合并字符"对话框   图 4-48 合并字符效果

3. 双行合一

双行合一功能可以实现双行合一的效果，具体操作步骤如下：

选中需要并排排列的文本，单击"开始"功能区"段落"组中的"中文版式"按钮，在其下拉列表中选择"双行合一"命令，弹出"双行合一"对话框，如图 4-49 所示，根据需要，可选中"带括号"复选框，并设置括号的样式。设置完毕，单击"确定"按钮，效果如图 4-50 所示。

图 4-49 "双行合一"对话框   图 4-50 双行合一效果

4. 调整宽度

调整宽度功能可以为字符设置宽度，从而调整整体布局，具体操作步骤如下：

选中需要调整宽度的文本，单击"开始"功能区"段落"组中的"中文版式"按钮，在其下拉列表中选择"调整宽度"命令，弹出"调整宽度"对话框，如图 4-51 所示，在"新文字宽度"微调框中，输入值或通过微调按钮调整宽度值。设置完毕，单击"确定"

按钮，效果如图 4-52 所示。

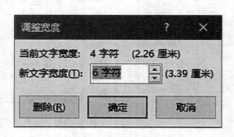

图 4-51 "调整宽度"对话框

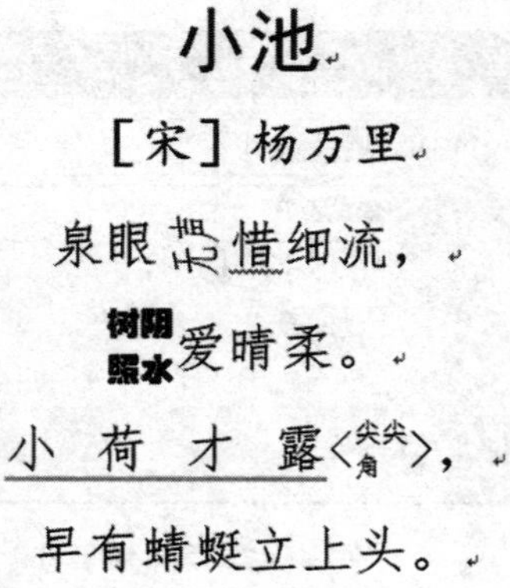

图 4-52 调整宽度效果

5. 字符缩放

字符缩放功能通过调整缩放比例，以便更好地展示内容，具体操作步骤如下：

选中需要字符缩放的文本，单击"开始"功能区"段落"组中的"中文版式"按钮，在其下拉列表中选择"字符缩放"命令，在"字符缩放"的下级菜单中，直接选择缩放比例，如图 4-53 所示，或者选择"其他"命令，打开"字体"对话框，在"高级"选项卡中进行具体设置，如图 4-17 所示。设置完毕，单击"确定"按钮，效果如图 4-54 所示。

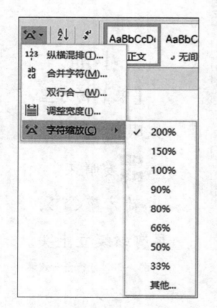

图 4-53 "字符缩放"下级菜单

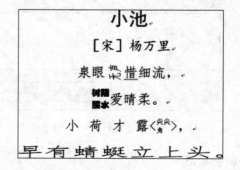

图 4-54 字符缩放效果

（二）图形操作

Word 提供了一套绘制图形的工具，利用它可以自行绘制线条、箭头、矩形、流程图、星与旗帜、标注图等图形，还可以将它们组合成更加复杂的图形。

1. 绘制图形

在 Word 2016 中可以直接绘制图形对象，具体操作如下：

（1）单击"插入"功能区"插图"组中的"形状"按钮，在下拉列表中选择需要绘制的形状。

（2）当把鼠标指针移到文档工作区时，鼠标指针变成"十"字形，按住鼠标左键进行拖动，当大小、方向合适时，松开鼠标左键，即完成图形对象的绘制。绘制的图形默认为浮于文字上方。

2. 编辑图形

如需要修饰图形，选中该图形后，使用"绘图工具"的"格式"功能区中的按钮进行设置即可，如图 4-55 所示。

图 4-55　"绘图工具"的"格式"功能区

选中图形后，单击"绘图工具"的"格式"功能区"插入形状"组中的"编辑形状"按钮，如图 4-56 所示，在其下拉列表中选择"更改形状"命令，可在级联列表中选择具体形状替换当前图形形状；选择"编辑顶点"命令，可拖动图形的控制点改变图形的形状，拖动旋转控制点可以自由地旋转图形。

3. 在图形上添加文字

在一些图形上可以添加文字，具体操作如下：

选中图形，单击鼠标右键，在弹出的快捷菜单中选择"添加文字"命令，输入文字内容。

4. 图形布局设置

对于插入文档中的图形，不仅可以进行位置移动、复制图形操作，还可以进行图片和正文之间的环绕关系设置。

（1）移动、复制图形。当鼠标指针指向图形对象，指针形状变成"十"字形箭头时，拖动鼠标可以移动图形对象；若同时按下 Ctrl 键，可复制图形对象。

（2）设置图片和正文之间的环绕关系。在图形

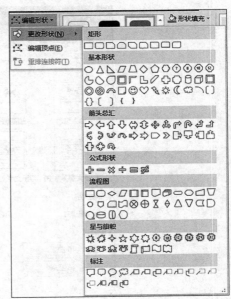

图 4-56　更改形状

上单击鼠标右键，在弹出的快捷菜单中选择"其他布局选项"命令，弹出"布局"对话框，如图 4-57 所示，在"位置"选项卡中可以设置图形在页面中的水平和垂直对齐方式等。在"文字环绕"选项卡中可以进行图形与文字之间环绕方式的设置，如图 4-58 所示。

图 4-57 "布局"对话框

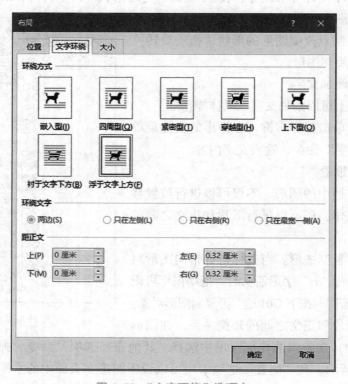

图 4-58 "文字环绕"选项卡

5. 调整图形的叠放次序

Word 文档可分成文本层、绘图层和文本层之下的层。

（1）文本层：该层是用户在处理文档时所使用的层。

（2）绘图层：该层一般在文本层之上。建立图形对象时，Word 可以让图形对象放在该层上，产生图形浮于文本之上的效果。

（3）文本层之下的层：可以把图形对象放在该层，产生图形衬于文本之下的效果。

调整图形的叠放次序的具体操作如下：

（1）选定要修改叠放关系的图形对象。

（2）单击"格式"功能区"排列"组中的"上移一层"的下拉按钮，在其下拉列表中可选择"上移一层""置于顶层""浮于文字上方"命令，或单击"下移一层"的下拉按钮，在其下拉列表中选择"下移一层""置于底层""衬于文字下方"命令，如图 4-59 和图 4-60 所示，即可调整图形的叠放次序。

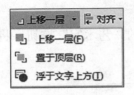
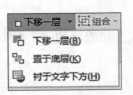

图 4-59　上移一层　　　　　　图 4-60　下移一层

6. 图形的组合

当用许多简单的图形组成一个复杂的图形时，若要移动整个图形是十分困难的，而且还可能由于操作不当而破坏刚刚构成的图形。为此，Word 2016 提供了将多个图形组合的功能。利用组合功能可以将许多简单图形组合成一个整体的图形对象，以便图形的移动和旋转。组合图形的操作步骤如下：

（1）单击多个图形中的某一个，按住 Shift 键不放，用鼠标逐个单击其他图形，直到这些图形都被选中。

（2）在选中的图形上单击鼠标右键，在弹出的快捷菜单中选择"组合"→"组合"命令，此时，被选中的图形就会组合成一个整体。

（三）插入图片

（1）插入本地图片。单击"插入"功能区"插图"组中的"图片"按钮，弹出"插入图片"对话框，选择需要插入的图片文件，单击"插入"按钮即可，如图 4-61 所示。

（2）插入联机图片。单击"插入"功能区"插图"组中的"联机图片"按钮，弹出"插入图片"对话框，如图 4-62 所示，可以输入搜索关键词搜索联机图片。

（四）插入艺术字

插入艺术字的具体操作如下：

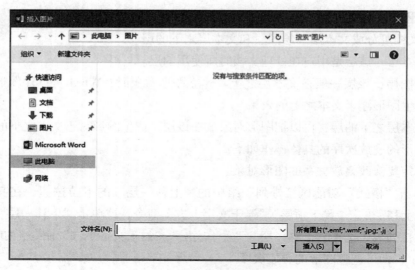

图 4-61　插入本地图片

（1）单击"插入"功能区的"文本"组中的"艺术字"按钮，将显示艺术字样式列表，如图 4-63 所示。

图 4-62　搜索联机图片　　　　　　　　　　　图 4-63　艺术字

（2）选择一种艺术字样式，文档中出现"请在此放置您的文字"艺术字编辑区域，在此区域中可以编辑文字。

（3）选中艺术字，使用"绘图工具"的"格式"功能区的命令可对艺术字进行设置，以达到想要的艺术效果。

三、模板和样式

1. 模板

模板是 Word 文档的样板文件。Word 2016 提供了许多模板文件，供用户在创建文档时选用，具体操作如下：

打开 Word 2016 软件，即有很多模板可供选择，如图 4-64 所示，选择一个模板，即可进行创建。在"文件"→"新建"命令下，也可以选择模板。

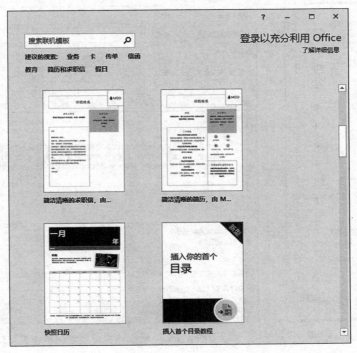

图 4-64　模板

2. 样式

Word 2016 中有许多内置样式，每个样式都有名称，应用样式可将其包含的格式全部应用于指定文本。在"开始"功能区的"样式"组中，单击右下角的 按钮，将打开"样式"窗格，如图 4-65 所示，可在其中选择样式。其具体操作方法：可以指定要应用样式的文字或段落，在"开始"功能区的"样式"组中或"样式"窗格中选择适当的样式，这时所选择的对象就具有样式的格式了。

也可以新建样式，具体操作如下：

（1）在"开始"功能区的"样式"组中，单击右下角的按钮，打开"样式"窗格，单击窗格左下角的"新建样式"按钮，弹出"根据格式设置创建新样式"对话框，如图 4-66 所示。

（2）在"名称"文本框中输入新建样式的名称，并对"样式类型""样式基准""后续段落样式"进行设置。

（3）单击"格式"按钮，即可对字体、段落、制表位、边框、语言、图文框、编号、快捷键、文字效果进行设置。

（4）单击"确定"按钮，完成样式的创建。

图 4-65 "样式"窗格

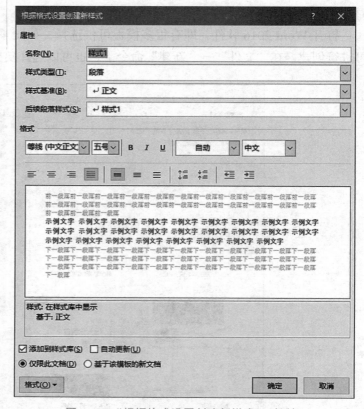

图 4-66 "根据格式设置创建新样式"对话框

四、注释

注释是指对文档中词语的解释,根据解释文本的位置可分为"脚注"和"尾注"。脚注位于当前页面的底部或指定文字的下方;而尾注则位于文档的结尾处或指定节的结尾。脚注和尾注都是用一条短横线与正文分开的。在文档中插入脚注或尾注的具体操作如下:

(1)将插入点放置在要加注释的词语后。

(2)单击"引用"功能区"脚注"组中的"插入脚注"(或"插入尾注")按钮,如图 4-67 所示,即可在页面底部进行脚注编辑,如图 4-68 所示。

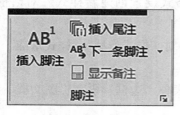

图 4-67 脚注

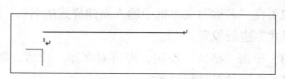

图 4-68 脚注编辑

五、审阅与修订文档

1. 修订

Word 修订是直接修改文档，修订用标记反映多位审阅者对文档所做的修改，这样原作者可以复审这些修改，并可确定接受或拒绝所做的修订。

在做审阅修订时，单击"审阅"功能区"修订"组中的"修订"按钮，在对文档进行修改时，将在文档中默认显示修改的标记，修改内容包括文字、字体、格式等，修订显示结果如图 4-69 所示。

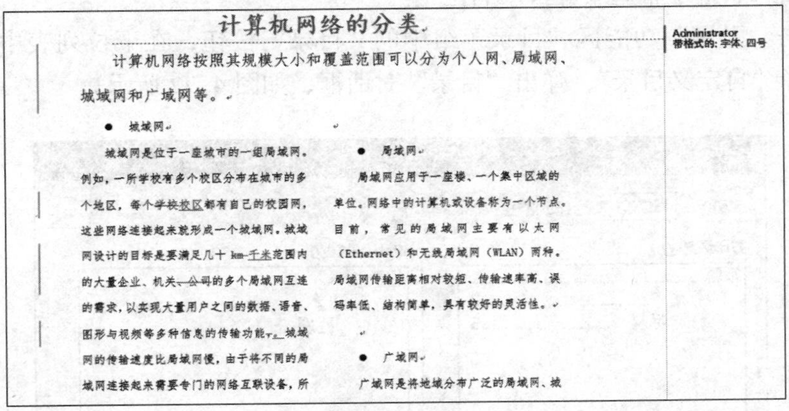

图 4-69　修订结果显示

Word 2016 的修订显示方式有简单标记、所有标记、无标记、原始状态四种状态，如图 4-70 所示。其中，简单标记就是只标记，不显示修订的内容；所有标记就是标记位置，也标记修订的内容；无标记就是文档被修改后，不显示标记，相当于 Word 2016 中的"最终状态"；原始状态就是文档未修改的版本，既没有修订，也没有标记。

2. 批注

Word 批注是审阅功能之一，其作用就是只评论注释文档，而不直接修改文档，因此 Word 批注并不影响文档的内容。选中要进行批注的内容，单击"审阅"功能区"批注"组中的"新建批注"按钮，将在右侧显示批注框，在框中输入需要批注的文字即可，如图 4-71 所示。

图 4-70　修订显示方式

图 4-71　批注

六、创建文档目录

目录通常是长文档不可缺少的一项内容，它列出了文档中的各级标题及其所在的页码，便于文档阅读者快速查找到所需内容。

1. 编制目录

Word 2016 可以将具有大纲级别或标题样式的段落内容通过自动生成目录操作形成目录。因此，在生成目录之前，应先将正文中相关的章节标题内容按照用户生成目录的层次要求设置成大纲级别或标题样式。生成目录的具体操作如下：

（1）将插入点置于希望放置目录的位置。

（2）单击"引用"功能区"目录"组中的"目录"按钮，在下拉列表中选择目录样式，也可选择"自定义目录"，弹出"目录"对话框，如图 4-72 所示。

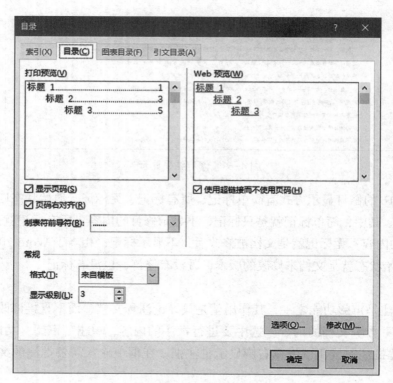

图 4-72 "目录"对话框

（3）勾选"显示页码"复选框，将在目录中显示各个章节标题的起始页码。

（4）勾选"页码右对齐"复选框，可以将页码设置为右对齐。

（5）在"制表符前导符"下拉列表中可以选择页码前导连接符号。

（6）在"常规"区域中的"格式"下拉列表中可以选择目录样式，在"显示级别"文本框中可以设置要显示的标题级别数或大纲级别数。

（7）勾选"使用超链接而不使用页码"复选框，则在 Web 版式视图中的目录将以超链接形式显示标题，并且不显示页码。单击这些超链接可以直接跳转到相应的标题内容。

（8）设置完毕后，单击"确定"按钮，则自动生成目录。

2. 更新目录

如果用户在创建好目录后，又添加、删除或更改了文档中的标题或其他目录项，可以按照以下操作更新文档目录：

（1）单击"引用"功能区"目录"组中的"更新目录"按钮，打开"更新目录"对话框，如图 4-73 所示。

（2）在对话框中可以选择"只更新页码"或"更新整个目录"单选按钮，选择完成后，单击"确定"按钮，即可按照指定要求更新目录。

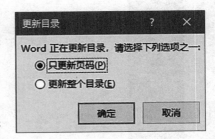

图 4-73　更新目录

七、邮件合并

邮件合并是 Word 2016 常用于批量生成信封、请柬、工资条、工作证、准考证、获奖证书等相同格式文档的常用工具。"邮件"功能区如图 4-74 所示。邮件合并的具体应用将在下述任务三中介绍。

图 4-74　"邮件"功能区

八、打印文档

1. 打印预览

选择"文件"→"打印"命令，在打开的"打印"窗口右侧就是打印预览内容，如图 4-75 所示，滚动鼠标可以进行上下逐页预览。

2. 文档打印

在图 4-75 所示的窗口中，包含"打印""打印机""设置"三个打印选项区域，用户可以对打印方式进行设置。

（1）在"份数"文本框中可以设置打印文稿的份数。

（2）在"打印机"下拉列表中可以选择使用的打印机。

（3）在"打印所有页"下拉列表中可以选择打印的范围。

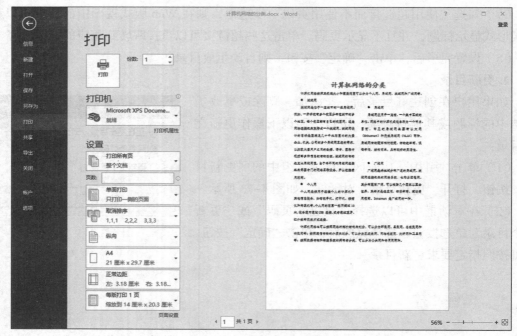

图 4-75 "打印"窗口

（4）在"单面打印"下拉列表中可以选择"单面"或"双面"打印。

（5）在"取消排序"下拉列表中可以选择是逐份打印还是逐页打印够数量。

（6）在"纵向"下拉列表中可以选择是"纵向"打印还是"横向"打印。

（7）在"A4"下拉列表中可以选择纸张大小。

（8）在"正常边距"下拉列表中可以选择边距大小。

（9）在"每版打印 1 页"下拉列表中可以设置每版打印的页数。

打印参数设置完成后，单击"打印"按钮，Word 就会按设置要求输出到打印机，进行打印作业。

任务三　Word 2016 实操训练

一、录入文字并进行编辑、排版

1. 操作要求

（1）录入"素材资源 \ 项目四 \ 计算机网络的分类 .docx"中的文字，如图 4-76 所示。

（2）将标题设为楷体、二号、加粗、红色、居中，并将字符间距设为加宽、10 磅。

（3）将"电脑"替换为"计算机"。

（4）将正文设为仿宋、五号、首行缩进 2 字符。

（5）设置行间距为 1.5。

（6）将 3. 标题与所属内容调换到 1. 前面。

（7）删除 1. ~ 4. 标题中的英文内容。将 1 ~ 4 编号改为项目符号●，并分成两栏排版，适当添加分栏符，进行美化设计。

（8）设置书眉为"计算机网络的分类"。

（9）在页面底端中部设置页码。

（10）以自己的姓名为文档名称，保存文档。

计算机网络的分类

电脑网络按照其规模大小和覆盖范围可以分为个人网、局域网、城域网和广域网等。

1. 个人网（Personal Area Network，PAN）

个人网是指用于连接个人的电脑和其他信息设备，如智能手机、打印机、扫描仪和传真机等。个人网的范围一般不超过 10 米，设备通常通过 USB 连接，或者通过蓝牙、红外线等无线方式连接。

2. 局域网（Local Area Network，LAN）

局域网应用于一座楼、一个集中区域的单位。网络中的电脑或设备称为一个节点。目前，常见的局域网主要有以太网（Ethernet）和无线局域网（WLAN）两种。局域网传输距离相对较短、传输速率高、误码率低、结构简单，具有较好的灵活性。

3. 城域网（Metropolitan Area Network，MAN）

城域网是位于一座城市的一组局域网。例如，一所学校有多个校区分布在城市的多个地区，每个校区都有自己的校园网，这些网络连接起来就形成一个城域网。城域网设计的目标是要满足几十千米范围内的大量企业、机关、公司的多个局域网互连的需求，以实现大量用户之间的数据、语音、图形与视频等多种信息的传输功能。城域网的传输速度比局域网慢，由于将不同的局域网连接起来需要专门的网络互联设备，所以连接费用较高。

4. 广域网（Wide Area Network，WAN）

广域网是将地域分布广泛的局域网、城域网连接起来的网络系统，也称为远程网。其分布距离广阔，可以横跨几个国家以至全世界。其特点是速度低，错误率高，建设费用很高。Internet 是广域网的一种。

电脑网络也可以按照网络的拓扑结构来划分，可以分为环型网、星型网、总线型网和树型网等；按照通信传输的介质来划分，可以分为双绞线网、同轴电缆网、光纤网和卫星网等；按照数据传输和转接系统的拥有者分类，可以分为公共网和专用网两种。

图 4-76 录入文字

2. 操作步骤

（1）双击桌面"Word 2016"图标 ，启动 Word 2016，选择"空白文档"命令，创建一个新文档。

（2）在 Word 文档编辑区录入文字。

（3）选择标题"计算机网络的分类"文字，在"开始"功能区"字体"组的"字体"下拉列表中选择"楷体"，在"字号"下拉列表中选择"二号"，单击"加粗"按钮 ，单击"字体颜色"右侧下拉按钮，选择"红色"；在"段落"组中单击"居中"按钮 ，如图 4-77 所示。单击"字体"组右下角的按钮 ，弹出"字体"对话框，单击"高级"标签，在"间距"下拉列表中选择"加宽"，将"磅值"设置为"10 磅"，如图 4-78 所示。

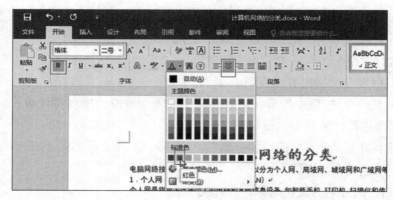

图 4-77　楷体、二号、加粗、红色、居中

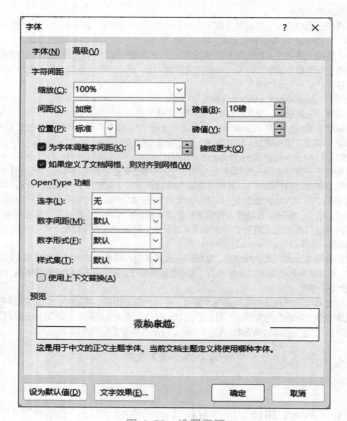

图 4-78　设置间距

（4）单击"开始"功能区"编辑"组的"替换"按钮，弹出"查找和替换"对话框，在"查找内容"文本框中输入"电脑"，在"替换为"文本框中输入"计算机"，单击"全部替换"按钮，即完成替换。

（5）选择正文内容，在"字体"下拉列表中选择"仿宋"，在"字号"下拉列表中选择"五号"，将"首行缩进"的标尺按钮拖动到"2"，完成首行缩进2字符的设置，如图 4-79 所示。

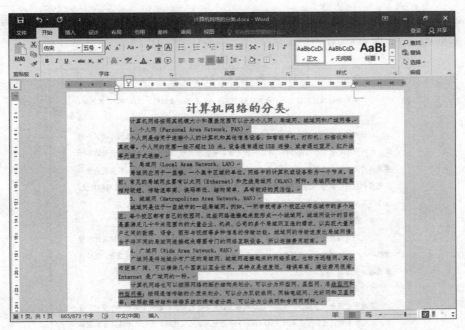

图 4-79　仿宋、五号、首行缩进

（6）选择正文内容，在"段落"组中单击"行和段落间距"右侧的下拉按钮，选择"1.5"，完成行间距的设置。

（7）选中 3. 下面的内容，按住鼠标左键，将其拖到 1. 的上面，如图 4-80 所示。

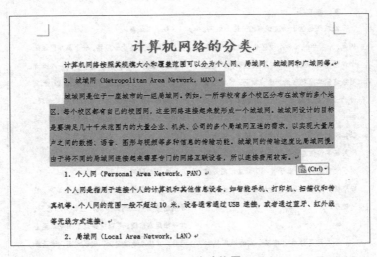

图 4-80　移动位置

（8）删除 1. ～ 4. 标题中的英文内容。将光标移动到 3. 标题前，单击"段落"组"项目符号"后的下拉按钮，选择●，删除"3."，同样处理其他标题，如图 4-81 所示。

（9）选中要分栏的内容，在"布局"功能区"页面设置"组中单击"栏"，在下拉列表中选择"两栏"，光标移动到"个人网"段落的最后（即"连接。"后面），单击"页面

设置"组中"分隔符"按钮，选择"分栏符"，并在"局域网"段落后按 Enter 键添加空行，效果如图 4-82 所示。

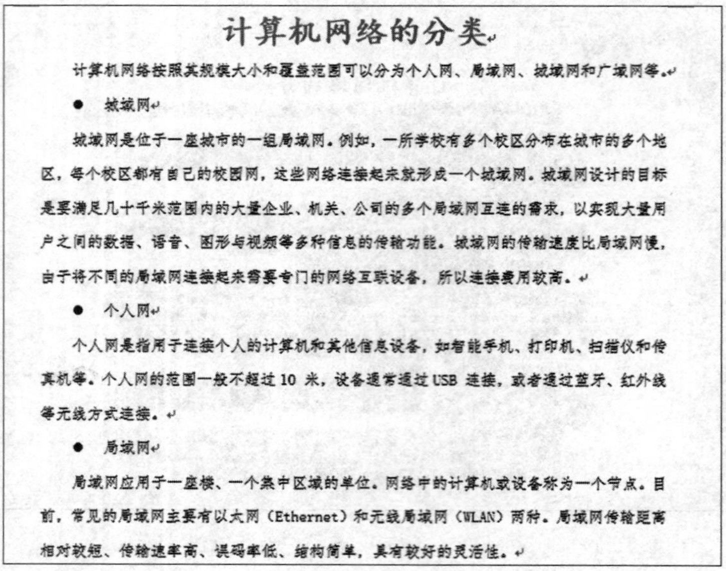

计算机网络的分类

计算机网络按照其规模大小和覆盖范围可以分为个人网、局域网、城域网和广域网等。

● 城域网

城域网是位于一座城市的一组局域网。例如，一所学校有多个校区分布在城市的多个地区，每个校区都有自己的校园网，这些网络连接起来就形成一个城域网。城域网设计的目标是要满足几十千米范围内的大量企业、机关、公司的多个局域网互连的需求，以实现大量用户之间的数据、语音、图形与视频等多种信息的传输功能。城域网的传输速度比局域网慢，由于将不同的局域网连接起来需要专门的网络互联设备，所以连接费用较高。

● 个人网

个人网是指用于连接个人的计算机和其他信息设备，如智能手机、打印机、扫描仪和传真机等。个人网的范围一般不超过 10 米，设备通常通过 USB 连接，或者通过蓝牙、红外线等无线方式连接。

● 局域网

局域网应用于一座楼、一个集中区域的单位。网络中的计算机或设备称为一个节点。目前，常见的局域网主要有以太网（Ethernet）和无线局域网（WLAN）两种。局域网传输距离相对较短、传输速率高、误码率低、结构简单，具有较好的灵活性。

图 4-81　修改标题

计算机网络的分类

计算机网络按照其规模大小和覆盖范围可以分为个人网、局域网、城域网和广域网等。

● 城域网

城域网是位于一座城市的一组局域网。例如，一所学校有多个校区分布在城市的多个地区，每个校区都有自己的校园网，这些网络连接起来就形成一个城域网。城域网设计的目标是要满足几十千米范围内的大量企业、机关、公司的多个局域网互连的需求，以实现大量用户之间的数据、语音、图形与视频等多种信息的传输功能。城域网的传输速度比局域网慢，由于将不同的局域网连接起来需要专门的网络互联设备，所以连接费用较高。

● 个人网

个人网是指用于连接个人的计算机和其他信息设备，如智能手机、打印机、扫描仪和传真机等。个人网的范围一般不超过 10 米，设备通常通过 USB 连接，或者通过蓝牙、红外线等无线方式连接。

● 局域网

局域网应用于一座楼、一个集中区域的单位。网络中的计算机或设备称为一个节点。目前，常见的局域网主要有以太网（Ethernet）和无线局域网（WLAN）两种。局域网传输距离相对较短、传输速率高、误码率低、结构简单，具有较好的灵活性。

● 广域网

广域网是将地域分布广泛的局域网、城域网连接起来的网络系统，也称为远程网。其分布距离广阔，可以横跨几个国家以至全世界。其特点是速度低，错误率高，建设费用很高。Internet 是广域网的一种。

计算机网络也可以按照网络的拓扑结构来划分，可以分为环型网、星型网、总线型网和

图 4-82　分栏排列

（10）在"插入"功能区"页眉和页脚"组单击"页眉"按钮，选择"空白"，将打开"页眉"编辑状态，在页眉中输入"计算机网络的分类"，单击"关闭页眉和页脚"按钮，即完成页眉的设置，如图 4-83 所示。

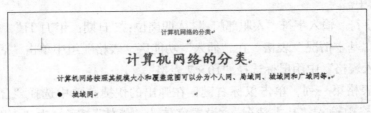

图 4-83　页眉的设置

（11）在"插入"功能区"页眉和页脚"组单击"页码"，在下拉列表中选择"页面底端"→"普通数字 2"，单击"关闭页眉和页脚"按钮，即完成页码的设置，效果如图 4-84 所示。

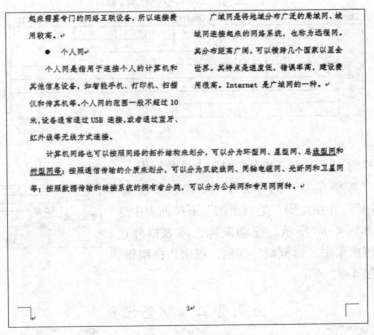

图 4-84　页码的设置

二、制作企业员工入职登记表

1. 操作要求

使用 Word 2016 制作一张企业员工入职登记表，表格样式见"素材资源\项目四\企业员工入职登记表 .docx"。

2. 操作步骤

（1）启动 Word 2016，新建一个空白文档。

（2）输入文字。输入文字"企业员工入职登记表"，设置字体为"楷体"，字号为"二号"，加粗，居中。

（3）输入字符。输入字符"入职部门:""入职岗位:""日期：年 月 日"，并设置好格式。

（4）制作"基本情况"表格。在"插入"功能区"表格"组中单击"表格"按钮，在下拉列表"插入表格"中用鼠标选择"10×7 表格"。

（5）选择表格第一列，单击鼠标右键，在弹出的快捷菜单中选择"合并单元格"命令，并在单元格中输入"基本情况"，设置字体为"黑体"，字号为"小五"。选中"基本情况"文本，单击"表格工具"的"布局"功能区"对齐方式"组中的"水平居中"按钮，设置对齐方式。用鼠标拖动第一列的表格线，调整表格宽度。制作后的效果如图 4-85 所示。

企业员工入职登记表

基本情况	入职部门：		入职岗位：			日期： 年 月 日			

图 4-85 制作"基本情况"列

（6）用同样的方法完成"基本情况"表格的制作。

（7）单击"表格工具"的"设计"功能区"边框"组中的"边框刷"，并在左侧"笔画粗细"下拉列表中选择"1.5 磅"，如图 4-86 所示。拖动鼠标，将表格外边框刷成粗线。再次单击"边框刷"按钮，退出边框编辑。制作后效果如图 4-87 所示。

图 4-86 边框刷

企业员工入职登记表

基本情况	入职部门：		入职岗位：			日期： 年 月 日			
	姓名		性别		民族		出生年月		（照片）
	身高		婚姻情况		政治面貌		健康状况		
	学历		毕业院校						
	联系电话			身份证号码					
	身份证地址								
	现住址								
	紧急联系人			联系电话					

图 4-87 制作"基本情况"表格

（8）用同样的方法制作"教育背景"表格，效果如图 4-56 所示。

提示：在制作中，可以运用"分布行"按钮，平均分布各行行距。

（9）将鼠标光标移动到图 4-88 所示两个表格中间，按 Delete 键删除空行，即可将两个表格合并成一个表格，效果如图 4-89 所示。

企业员工入职登记表

入职部门：			入职岗位：				日期：　年　月　日	
基本情况	姓名		性别		民族		出生年月	（照片）
	身高		婚姻情况		政治面貌		健康状况	
	学历		毕业院校					
	联系电话			身份证号码				
	身份证地址							
	现住址							
	紧急联系人			联系电话				

教育背景	起止年月	学校名称	学历	专业	学位或证书

图 4-88　制作"教育背景"表格

企业员工入职登记表

入职部门：			入职岗位：				日期：　年　月　日	
基本情况	姓名		性别		民族		出生年月	（照片）
	身高		婚姻情况		政治面貌		健康状况	
	学历		毕业院校					
	联系电话			身份证号码				
	身份证地址							
	现住址							
	紧急联系人			联系电话				
教育背景	起止年月	学校名称		学历	专业	学位或证书		

图 4-89　合并表格

（10）用同样的方法完成整个表格的制作，完成效果见素材资源。

三、制作端午节放假通知

1. 操作要求

运用本任务所学知识，使用"素材资源\项目四\端午节放假通知 .docx"中的素材，制作图文并茂的端午节放假通知。

2. 操作步骤

（1）打开"素材资源\项目四\端午节放假通知.docx"，并新建一个空白文档。

（2）在"端午节放假通知.docx"中复制第二张图，在空白文档中粘贴。

（3）单击空白文档右下角"比例缩放区"的"-"号，缩小显示比例，使整页在屏幕中显示完整，如图4-90所示。单击图片，再单击鼠标右键，在弹出的快捷菜单中选择"大小和位置"，弹出"布局"对话框，选择"文字环绕"选项卡，选择"衬于文字下方"，单击"确定"按钮，然后调整图片大小到合适效果。

图4-90　插入背景图片

（4）单击"插入"功能区"文本"组中的"插入艺术字"按钮，在下拉列表中选择"渐变填充-蓝色，着色1，反射"，如图4-91所示，在出现的文本框中输入"2022年端午节放假通知"，并设置字体为"微软雅黑"，字号为"初号"，加粗。然后调整位置，效果如图4-92所示。

（5）单击"插入"功能区"插图"组中的"形状"按钮，在其下拉列表中选择"矩形"→"圆角矩形"，如图4-93所示，在"文档编辑区"拖出一个矩形。单击"绘图工具"的"格式"功能区"形状样式"组中的"形状填充"按钮，在其下拉列表中选择"白色，背景1"，如图4-94所示。在矩形上单击鼠标右键，选择"设置形状格式"命令，在右侧弹出的"设置形式格式"→"填充"里设置"透明度"为"17%"，如图4-95所示。单击"绘图工具"的"格式"功能区"形状样式"组中的"形状轮廓"按钮，在下拉列表中选择"虚线"→"划线-点"，效果如图4-95所示。

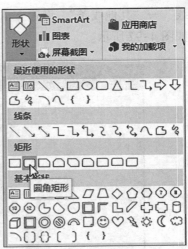

图 4-91 插入艺术字　　　　　图 4-92 输入艺术字　　　　　图 4-93 圆角矩形

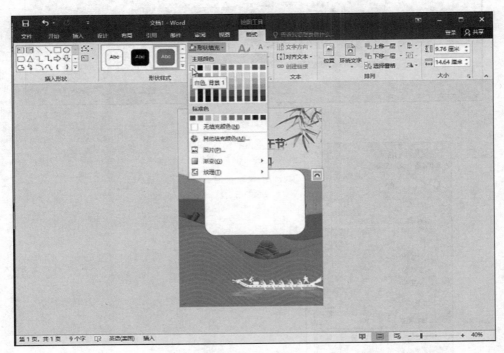

图 4-94 填充白色

（6）单击"插入"功能区"文本"组中的"文本框"按钮，选择"简单文本"，在出现的文本框中粘贴"端午节放假通知 .docx"中的文字素材"根据国务院要求：端午假期为 6 月 3 日（周五）–6 月 5 日（周日）"，设置字体为"楷体"，字号为"二号"，居中，加粗，间距为"1.5"；设置"根据国务院要求：端午假期为"字体颜色为"蓝色，个性 5，深色 25%"，"6 月 3 日（周五）–6 月 5 日（周日）"字体颜色为"红色"。单击"绘图工具"的"格式"功能区"形状样式"组中的"形状轮廓"按钮，在其下拉列表中选择"虚

线"→"其他线条"，设置文本框轮廓线条如图 4-96 所示。调整文本框位置、大小，效果如图 4-97 所示。

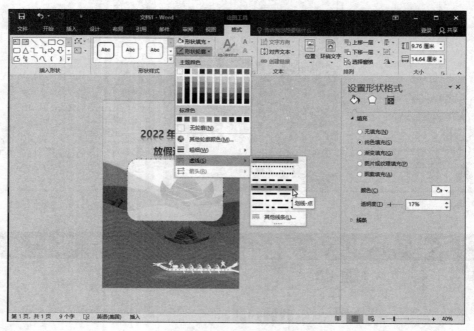

图 4-95　设置矩形格式

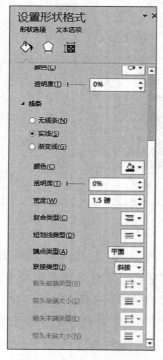

图 4-96　设置线条

图 4-97　制作文本框

　　（7）插入文本框，输入"放假三天！"，设置字体为"隶书"，字号为"小初"。单击"绘图工具"的"格式"功能区"形状样式"组中的"形状填充"按钮，在其下拉列表中选择"蓝色，个性色5，淡色40%"，如图4-98所示。单击"绘图工具"的"格式"功能区"艺术字样式"组中的"文本填充"按钮，在其下拉列表中选择"白色，背景1"，如图4-99所示。单击"绘图工具"的"格式"功能区"形状样式"组中的"形状效果"按钮，在其下拉列表中选择"预设"→"预设1"，如图4-100所示。再在"形状效果"下拉列表中选择"阴影"→"透视"→"左上对角透视"，如图4-101所示。完成效果如图4-102所示。

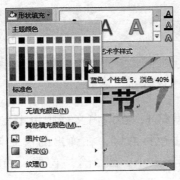

图 4-98　形状填充

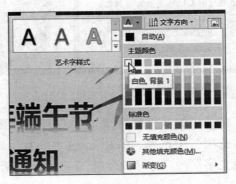

图 4-99　文本填充

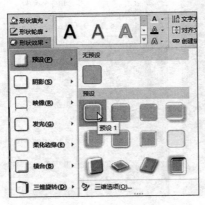

图 4-100　形状效果

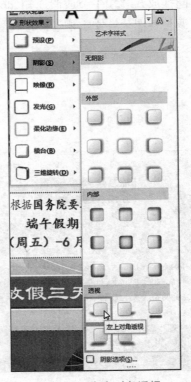

图 4-101　左上对角透视

127

（8）单击"插入"功能区"插图"组中的"形状"按钮，在其下拉列表中选择"同侧圆角矩形"，拖出合适的矩形，单击鼠标右键，在弹出的快捷菜单中选择"添加文字"命令，从"端午节放假通知.docx"中复制文字素材，粘贴到矩形中。选中矩形，单击鼠标右键，在弹出的快捷菜单中选择"设置形状格式"，在"填充"选项中将透明度调为"24%"。完成效果如图4-103所示。

图4-102 文本框效果　　　　　　　　　　　　图4-103 矩形效果

（9）在"端午节放假通知.docx"中复制图片素材1，在空白文档中单击鼠标右键，在"粘贴选项"中选择"图片"，选中图片，再单击鼠标右键，在弹出的快捷菜单中选择"环绕文字"→"浮于文字上方"命令。调整图片大小，放于合适位置，如图4-104所示。

（10）同样放入"端午节放假通知.docx"中图片素材3两次，调整图片大小、位置。

（11）调整各图片、文本框、图形位置。保存文档，最后完成效果如图4-105所示。

图4-104 插入图片素材　　　　　　　　　　图4-105 完成效果

四、利用 Word 制作工资条

1. 操作要求

利用"素材资源\项目四\工资条.xlsx"，使用 Word 2016 的邮件合并功能，编制每个人的工资条。

2. 操作步骤

（1）新建一个 Word 文档。

（2）插入一个 9×2 的表格（列数与 Excel 表格相同），表头内容与 Excel 表格相同，设置好字体、格式，如图 4-106 所示。

姓名	部门	岗位工资	绩效工资	津贴补助	个税	社保	公积金	实发工资

图 4-106　制作表格样式

（3）单击"邮件"功能区"开始邮件合并"组中的"开始邮件合并"按钮，在其下拉列表中选择"邮件合并分步向导"命令，如图 4-107 所示。

（4）在页面的右边弹出"邮件合并"选项栏。在"选择文档类型"中选择文档类型，本例选择"电子邮件"，如图 4-108 所示。单击"下一步：开始文档"。

图 4-107　邮件合并分步向导

◀) **小提示**

　　信函是将信函发送给一组人，可以个性化设置每个人收到的信函；电子邮件是将电子邮件发送给一组人，可以单独设置每个人收到的电子邮件的格式；信封是打印成组邮件的带地址信封；标签是打印成组邮件的地址标签；目录是创建包含目录或地址打印列表的单个文档。

（5）在"选择开始文档"中选择"使用当前文档"，如图 4-109 所示。单击"下一步：选择收件人"。

（6）在"选择收件人"中选择"使用现有列表"，如图 4-110 所示。单击"下一步：撰写电子邮件"。

（7）在弹出的"选取数据源"对话框中选择"工资条.xlsx"，单击"打开"按钮。在"选择表格"对话框中选择创建好的工资表。

（8）在弹出的"邮件合并收件人"对话框中将需要的数据勾选，单击"确定"按钮，如图 4-111 所示。单击"下一步：撰写电子邮件"，打开图 4-112 所示的界面。

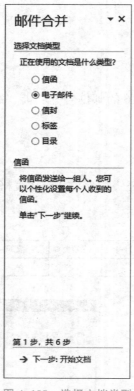

图 4-108　选择文档类型

图 4-109　选择开始文档　　　图 4-110　选择收件人

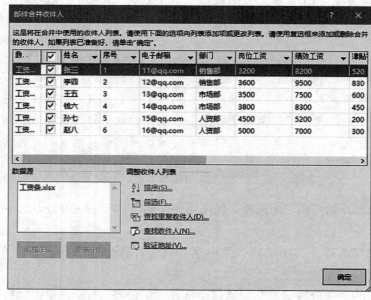

图 4-111　"邮件合并收件人"对话框

（9）将鼠标光标放置在表格"姓名"列的第二行，单击"其他项目"，在弹出的"插入合并域"对话框中选择"姓名"，单击"插入"按钮，如图 4-113 所示，单击"关闭"

按钮关闭对话框。同样，为表格中的其他列建立与 Excel 表格的联系，完成后如图 4-114
所示。单击"下一步：预览电子邮件"。

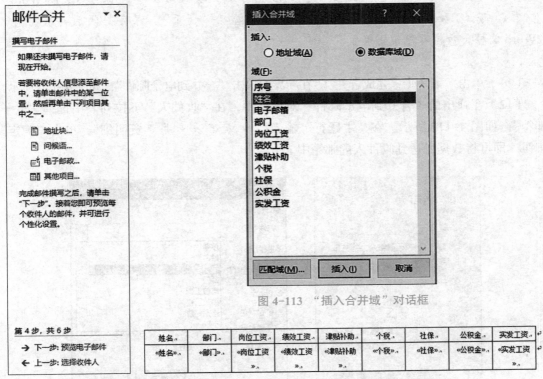

图 4-113　"插入合并域"对话框

图 4-112　撰写电子邮件

图 4-114　建立联系

（10）此时出现工资条具体信息，已建立好联系，如图 4-115 所示。

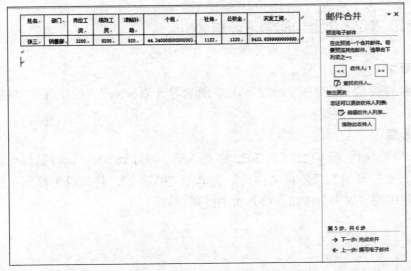

图 4-115　预览电子邮件

◀》小提示

图 4-114 中数据格式不正规，如"9 433.659 999 999 999 9"。可保存后关闭 Word 文档，打开 Excel 表格，设置表格中的数据类型为"货币"。保存关闭后再次打开 Word 文档，数据就显示正确了。

（11）单击"下一步：完成合并"。在新界面单击"合并到电子邮件"，如图 4-116 所示。

（12）在弹出的"合并到电子邮件"对话框中，在"收件人"下拉列表中选择"电子邮箱"，如图 4-117 所示。在"主题行"输入"××年××月工资明细"，单击"确定"按钮，即可将数据发送到收件人的邮箱中。

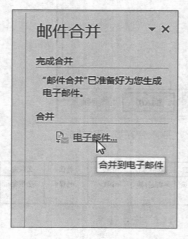

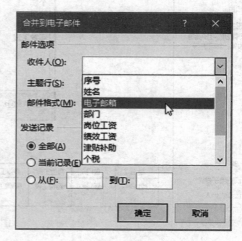

图 4-116　合并到电子邮件　　　图 4-117　"合并到电子邮件"对话框

五、打印 2022 年上学期学习计划

1. 操作要求

打开"素材资源\项目四\2022年上学期学习计划.xlsx"，设定好文字格式，用 A4 纸打印。

2. 操作步骤

（1）打开"素材资源\项目四\2022年上学期学习计划.xlsx"，将鼠标光标放在第一行任意位置，在"开始"功能区"样式"组单击"标题 1"，将其设为标题 1 的格式，单击"段落"组中的"居中"按钮，将其居中排列。

◀》小提示

如果文档中同一级的标题有很多，可以用鼠标右键单击"开始"功能区"样式"

组的"标题1"，在弹出的快捷菜单中选择"修改"命令，在弹出的"修改样式"对话框中单击"居中"按钮，这样所有选择"标题1"样式的标题，都会匹配居中的格式。

（2）用鼠标右键单击"开始"功能区"样式"组的"正文"，在弹出的快捷菜单中选择"修改"命令，在弹出的"修改样式"对话框中，设置字体为"宋体"，字号为"四号"；单击"格式"下拉按钮，选择"段落"。在弹出的"段落"对话框中设置"特殊格式"为"首行缩进"，缩进值为"2字符"，行距为"1.5倍行距"，单击"确定"按钮，返回"修改样式"对话框。单击"确定"按钮，完成正文格式设置。

（3）选择最后两行，设置对齐方式为"右对齐"。

（4）单击"插入"功能区"页眉和页脚"组中的"页码"按钮，选择"页面底部"→"普通数字1"，插入页码。单击"关闭页眉和页脚"对话框。

（5）选择"文件"→"打印"命令，选择好打印机，设置纸张大小为"A4"纸，边距为"中等边距"，选择"双面打印"。打印预览效果如图4-118所示。

视频：3D打印技术

拓展阅读：NCRE考试指南

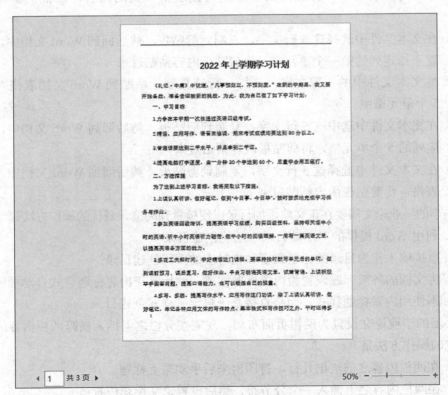

图4-118 打印预览效果

（6）单击"打印"按钮，即可进行打印。

> **项目小结**

　　本项目通过详细地介绍了 Word 2016 办公软件的基本功能和使用方法，包括文本和段落的编辑与格式设置，文档的版面设置，页眉、页脚的设置，表格的绘制与编辑，图片、艺术字的插入与图文混排，文档的模板与样式、审阅与修订，邮件合并功能的应用。

> **课后练习**

一、选择题

1. 在 Word 中选择文本时，纵向选择一块文本区域最快捷的操作方法是（　　　）。

　　A. 按住 Shift 键不放，拖动鼠标选择所需的文本

　　B. 按住 Ctrl 键不放，拖动鼠标选择所需的文本

　　C. 按住 Tab 键不放，拖动鼠标分别选择所需的文本

　　D. 按住 Alt 键不放，拖动鼠标选择所需的文本

2. 某 Word 文档中有一个 5 行 ×4 列的表格，如果要将另外一个文本文件中的 5 行文字复制到该表格中，并且使其正好成为该表格一列的内容，最优的操作方法是（　　　）。

　　A. 在文本文件中选择这 5 行文字，复制到剪贴板，然后回到 Word 文档中，将光标置于指定列的第一个单元格，将剪贴板内容粘贴过来

　　B. 将文本文件中的 5 行文字，一行一行地复制、粘贴到 Word 文档表格对应列的 5 个单元格中

　　C. 在文本文件中选中这 5 行文字，复制到剪贴板，然后回到 Word 文档中，选择对应列的 5 个单元格，将剪贴板内容粘贴过来

　　D. 在文本文件中选择这 5 行文字，复制到剪贴板，然后回到 Word 文档中，选择该表格，将剪贴板内容粘贴过来

3. 小李的毕业论文需要在正文前添加目录以便检索和阅读，最优的操作方法是（　　　）。

　　A. 利用 Word 提供的"手动目录"功能创建目录

　　B. 直接输入作为目录的标题文字和相对应的页码创建目录

　　C. 将文档的各级标题设置为内置标题样式，然后基于内置标题样式自动插入目录

　　D. 不使用内置标题样式，而是直接基于自定义样式创建目录

4. 小王的毕业论文设置为两栏页面布局，现需在分栏之上插入横跨两栏内容的论文标题，最优的操作方法是（　　　）。

　　A. 在两栏内容之前空出几行，打印出来后手动写上标题

　　B. 在两栏内容之上插入一个分节符，然后设置论文标题位置

　　C. 在两栏内容之上插入一个文本框，输入标题，并设置文本框的环绕方式

　　D. 在两栏内容之上插入一个艺术字标题

5. 某企业计划邀请 60 家客户参加年终答谢会，并为客户发送邀请函。快速制作 60 份邀请函的最优操作方法是（　　）。

　　A. 发动同事帮忙制作邀请函，每个人写几份

　　B. 利用 Word 的邮件合并功能自动生成

　　C. 先制作好一份邀请函，然后复印 30 份，在每份上添加客户名称

　　D. 先在 Word 中制作一份邀请函，通过复制、粘贴功能生成 60 份，然后分别添加客户名称

二、实操题

1. 利用"素材资源 \ 项目四 \ 练习题素材 .docx"中的图片和文字，自制中秋节宣传小报，要求标题醒目，版式优美，图文混排（题目自拟，文字和图片选用，也可自己撰写、搜索文字和图片）。

2. 以自己班级同学为例，自拟成绩和通知格式，利用邮件合并功能，制作每位同学的成绩通知单。

项目五
电子表格处理基础与应用
（Excel 2016）

📝 学习目标

了解 Excel 2016 的基本功能和界面；掌握编辑工作簿、工作表，插入公式与函数，并进行数据管理与分析的方法，以及打印工作表的方法。

🔆 能力目标

能熟练应用 Excel 2016 的各种操作技巧对表格数据进行处理，并分析、统计出需要的数据进行打印、输出。

📚 素养目标

具有良好的职业道德、爱岗敬业精神和责任意识。

👤 项目导读

Excel 区别于文字处理软件的一大特性就是数据分析与处理能力，而公式与函数是必须掌握的重点内容之一。Excel 提供了大量的函数和丰富的功能来创建复杂的公式。在 Excel 中除了利用公式或函数进行计算以外，有时还需要对大量以数据清单形式存放的工作表进行分析处理，如排序、筛选、分类汇总等。此外，还可以用图表将数据更直观地表示出来。通过将选定的工作表数据制成条形图、柱形图或饼图等形式的图表，可以使数据更清晰、易于理解，并能帮助用户分析和比较数据。本项目将理论与实操相结合，详细介绍 Excel 2016 的使用方法。

任务一   走进 Excel 2016

Excel 2016 是微软公司开发的 Office 2016 办公组件之一，主要用于表格处理工作，它具有表格编辑、公式计算、数据处理和图表分析等功能，日益成为日常办公的好助手。

一、Excel 2016 概述

（一）Excel 2016 的启动和退出

1. Excel 2016 的启动

启动 Excel 2016 的常用方法有以下几种。

（1）单击"开始"菜单→"Excel 2016"命令，即可启动 Excel 2016，如图 5-1 所示。

（2）如果在桌面上有 Excel 2016 的快捷方式图标，则双击该图标，即可启动 Excel 2016。

（3）双击 Excel 格式的文件，即可自动启动 Excel 2016，并打开该文件。

（4）拖动桌面的 Excel 2016 快捷图标至快速启动栏中，以后只需单击快速启动栏中的 Excel 2016 图标即可。

2. Excel 2016 的退出

退出 Excel 2016 的常用方法有以下几种：

（1）单击 Excel 2016 窗口右上角的关闭按钮。

（2）在 Excel 2016 的工作界面中按 Alt + F4 组合键。

（3）右击标题栏空白处，在弹出的快捷菜单中选择"关闭"命令。

（4）右击快速访问工具栏中的 Excel 2016 图标，在弹出的快捷菜单中选择"关闭"命令。

（5）在 Excel 2016 的工作界面中，选择"文件"→"关闭"命令，关闭当前文档，但不退出软件。

（二）Excel 2016 工作界面

Excel 2016 启动成功后，会自动创建文件名为"工作簿 1"的 Excel 工作簿。其界面如图 5-2 所示。

Excel 2016 窗口包括标题栏、快速访问工具栏、"文件"按钮、功能区、单元格名称框、编辑栏、工作区、工作表切换区、状态栏等几个部分。其中，标题栏和"文件"选项卡是必须保留的，其他部分则可以根据用户的需要显示或隐藏起来。

图 5-1　Excel 2016

Excel 2016 窗口的标题栏、快速访问工具栏、"文件"按钮和状态栏与 Word 2016 中

的类似，下面仅介绍功能区、单元格名称框、编辑栏、工作区和工作表切换区。

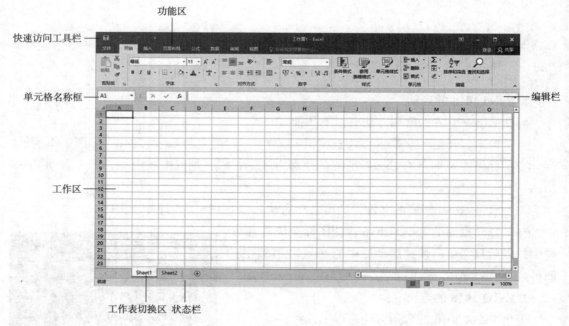

图 5-2　Excel 2016 工作界面

1. 功能区

Excel 2016 窗口的功能区与 Word 2016 窗口的类似，只是多了"公式"和"数据"功能区，少了"引用"和"邮件"功能区，以便于表格式数据的处理。

2. 单元格名称框

单元格名称框用来显示单元格的名称。

3. 编辑栏

编辑栏位于单元格名称框的右侧，用户可以在选定单元格以后直接输入数据，也可以在选定单元格以后通过编辑栏输入数据。

4. 工作区

工作区为 Excel 窗口的主体，是用来记录数据的区域，所有数据都将存放在这个区域中。

5. 工作表切换区

工作表切换区位于文档窗口的左下方，用于显示工作表的名称，初始为 Sheet1，单击"+"号可以增加工作表，单击工作表标签将激活相应工作表。用户可以通过滚动标签按钮来显示不在屏幕内的标签。

（三）Excel 的基本概念

1. 工作簿

一个 Excel 文件就是一个工作簿，工作簿名就是文件名。一个工作簿可以包含多个工作表，这样可使一个文件中包含多种类型的相关信息，用户可以将若干相关工作表组成一个工作簿，操作时不必打开多个文件，而直接在同一文件的不同工作表中方便地切换。每次启动 Excel 之后，它都会自动地创建一个新的空白工作簿，如工作簿1。一个工作簿可以包含多个工作表，每个工作表的名称在工作簿的底部以标签形式出现。例如，图 5-2 所示的工作簿1由2个工作表组成，它们分别是 Sheet1 和 Sheet2，用户根据实际情况可以增减工作表和选择工作表。

2. 工作表

在 Excel 中工作簿与工作表的关系就像日常的账簿和账页之间的关系，一个账簿可以由多个账页组成。工作表具有以下特点：

（1）每一个工作簿可包含多个工作表，但当前工作的工作表只能有一个，称为活动工作表；

（2）工作表的名称反映在屏幕的工作表标签栏中，反白显示的为活动工作表名；

（3）单击任一工作表标签可将其激活为活动工作表；

（4）双击任一工作表标签可更改工作表名；

（5）工作表标签左侧有4个按钮，用于管理工作表标签，单击它们可分别看到第一张工作表标签、上一个工作表标签、下一个工作表标签、最后一个工作表标签。

3. 单元格

单元格是组成工作表的最小单位，每个工作表中只有一个单元格为当前工作的，称为活动单元格，屏幕上带粗线黑框的单元格就是活动单元格；活动单元格名会在单元格名称框中反映出来。

每一单元格中的内容可以是数字、字符、公式、日期等，如果是字符，还可以是分段落的。多个相邻的呈矩形的一片单元格称为单元格区域。每个区域有一个名字，称为区域名。区域名由区域左上角单元格名和右下角单元格名中间加冒号"："来表示。例如，C3：E10 表示左上角 C3 单元格到右下角 E10 单元格的 24 个单元格组成的矩形区域，如图 5-3 所示。若给 C3：E10 定义一个"quyu1"的名字（在名称框中输入 quyu1 然后按 Enter 键，如图 5-3 所示），当需要引用该区域时，使用"quyu1"和使用"C3：E10"的效果是完全相同的。

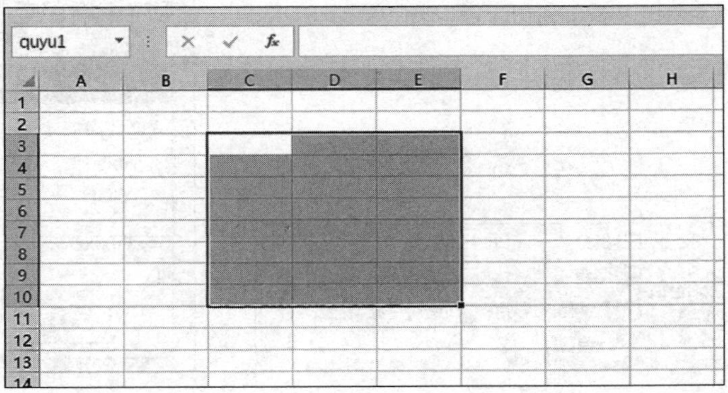

图 5-3 单元格区域

二、工作簿的基本操作

1. 创建工作簿文件

启动 Excel 2016 后，选择"空白工作簿"，创建一个空白工作簿文件，等待用户输入信息。若要创建另一个工作簿，可以选择"文件"→"新建"命令来创建，也可以根据模板来创建带有样式的新工作簿。

2. 打开工作簿文件

选择"文件"→"打开"命令，或者按 Ctrl + O 组合键，弹出"打开"对话框。选择要打开的工作簿文件，单击"打开"按钮，即可打开该文件。

3. 保存工作簿文件

单击快速访问工具栏中的"保存"按钮，或者选择"文件"→"保存"（或"另存为"）命令，均可实现保存操作。

4. 隐藏工作簿

当在 Excel 中同时打开多个工作簿时，可以暂时隐藏其中的一个或几个工作簿，需要时再显示出来，具体操作如下：

切换到需要隐藏的工作簿窗口，单击"视图"功能区"窗口"组中的"隐藏"按钮，如图 5-4 所示，当前工作簿就被隐藏起来；如果要取消隐藏，则单击"取消隐藏"按钮，在打开的"取消隐藏"对话框中，选择需要取消隐藏的工作簿名称，再单击"确定"按钮即可。

5. 保护工作簿

当不希望他人对工作簿的结构或窗口进行改变时，可以设置工作簿保护，具体操作如下：

（1）打开需要保护的工作簿文档，单击"审阅"功能区"更改"组中的"保护工作簿"按钮，弹出"保护结构和窗口"对话框，如图 5-5 所示。

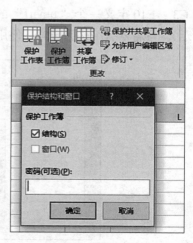

图 5-4 "窗口"组

图 5-5 保护工作簿

（2）如果勾选"结构"复选框：将阻止他人对工作簿的结构进行修改，包括查看已隐藏的工作表，移动、删除、隐藏工作表或更改工作表的表名，插入新工作表，将工作表移动或复制到另一工作簿中等。

（3）如果勾选"窗口"复选框：将阻止他人修改工作簿窗口的大小和位置，包括移动窗口、调整窗口大小或关闭窗口等。

（4）在"密码"文本框中输入密码可防止他人取消工作簿保护。

（5）如果要取消对工作簿的保护，只需再次单击"审阅"功能区"更改"组中的"保护工作簿"按钮。如果设置了密码，则在弹出的对话框中输入密码即可。

三、工作表的基本操作

1. 选择工作表

选择一个工作表，只要单击要选择的工作表标签即可，工作表标签变为白色即表示被选中。要选择多个工作表时，应先按住 Ctrl 键，再逐个单击要选择的工作表标签即可。如果选择相邻的多个工作表，可以先选中第一个工作表标签，然后按住 Shift 键，再单击最后一个工作表标签。如果要选择所有工作表，可在任一工作表标签上单击鼠标右键，在弹出的快捷菜单中选择"选定全部工作表"命令。

2. 插入工作表

插入工作表通常可以采用以下方法：

（1）在工作表切换区单击"+"按钮，将在最后一个工作表右侧添加一个新的工作表。

（2）选中一工作表标签，单击鼠标右键，在弹出的快捷菜单中选择"插入"命令，在弹出的"插入"对话框中选择"工作表"，如图 5-6 所示，单击"确定"按钮，即可在当前工作表的前面插入新的工作表。

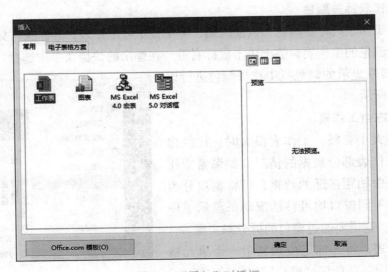

图 5-6　"插入"对话框

（3）单击"开始"功能区"单元格"组的"插入"下拉按钮，在下拉列表中选择"插入工作表"命令，也可在当前工作表的前面插入新的工作表，如图5-7所示。

3. 重命名工作表标签

在Excel的工作簿中，所有的工作表默认以Sheet1、Sheet2、……命名。在实际工作中，通常要改为符合工作表内容的名称，具体操作如下：

双击要重新命名的工作表标签，或者选中工作表标签后单击鼠标右键，在弹出的快捷菜单中选择"重命名"命令，此时工作表标签的名字被反白显示，输入新名称，按Enter键确认，即完成重命名。

4. 移动、复制工作表

在工作簿中移动工作表，具体操作如下：

选定要移动的一个或若干个工作表，按住鼠标左键进行拖动，在拖动的同时可以看到鼠标的箭头上多了一个文档的标记，同时在工作表切换区有一个黑色的三角标志指示着工作表被拖到的位置，在目标位置释放鼠标，即可改变工作表位置。

在工作簿中复制工作表的方法与在工作簿中移动工作表的方法相似，只是在拖动鼠标时同时按住Ctrl键，到达目标后，先松开鼠标左键，再松开Ctrl键，即可复制工作表。复制工作表的标签名称为在原名称基础上加括号序号，以免重名。

5. 删除工作表

选中要删除的工作表，在工作表标签上单击鼠标右键，在弹出的快捷菜单中选择"删除"命令，即可删除当前工作表；也可以单击开始"功能区"的"单元格"组中的"删除命令"下拉按钮，在下拉列表中选择"删除工作表"命令。

如果要删除的工作表中包含数据，会弹出对话框提示"Microsoft Excel将永久删除此工作表。是否继续？"，单击"删除"按钮即可。

6. 设置工作表标签颜色

可以修改工作表的标签颜色，以便区别、突出显示各工作表，具体操作如下：

在要改变颜色的工作表标签上单击鼠标右键，在弹出的快捷菜单中选择"工作表标签颜色"，在其级联显示的调色板中选择颜色进行设定，如图5-8所示。

7. 拆分和冻结工作表

由于屏幕大小有限，工作表很大时，往往出现只能看到工作表部分数据的情况。如果希望比较对照工作表中相距甚远的数据，可将窗口分为几个部分，在不同窗口均可移动滚动条显示工作表的不同部分，这需要通过窗口的拆分来实现。

打开工作表，将光标定位到其中一个单元格E5，单击"视图"功能区"窗口"组中的"拆分"

图5-7 "插入"下拉按钮

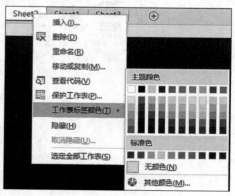

图5-8 工作表标签颜色

按钮。此时，系统自动以 E5 单元格为分界点将工作表分成 4 个窗格，同时显示水平和垂直拆分条，并且窗口的水平滚动条和垂直滚动条分别变成了两个，如图 5-9 所示。

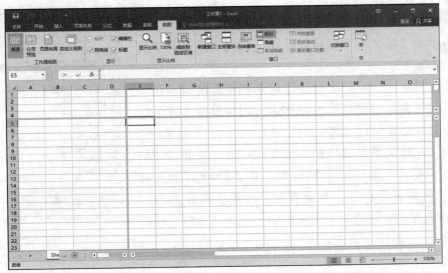

图 5-9　拆分工作表

如果需要取消工作表的拆分状态，只需双击水平和垂直拆分条的交叉点即可。

如果需要在工作表滚动时保持行列标志或其他数据可见，可以使用冻结功能，窗口中被冻结的数据区域不会随着工作表的其他部分一起移动，具体操作如下：

打开工作表，选中 C3 单元格，单击"视图"功能区"窗口"组中的"冻结窗格"按钮，在打开的下拉菜单中选择"冻结拆分窗格"命令，此时 C3 单元格上方出现了一条直线，将上行冻结住，如图 5-10 所示。

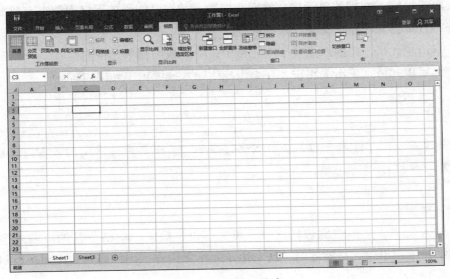

图 5-10　冻结工作表

8. 保护工作表

若用户制作的表格不希望别人进行修改，此时就要对工作表进行保护，具体操作如下：

（1）选择要保护的工作表，单击"开始"功能区"单元格"组中的"格式"下拉按钮，在下拉列表中选择"保护工作表"命令。

（2）在弹出的"保护工作表"对话框中，可对"允许此工作表的所有用户进行"的操作进行相应设置，并可设置保护密码，如图 5-11 所示。

（3）若要撤销工作表保护，可在"开始"功能区"单元格"组中单击"格式"下拉按钮，在下拉列表中选择"撤销工作表保护"命令，如设有保护密码，则在弹出的"撤销工作表保护"对话框中输入密码，单击"确定"按钮即可。

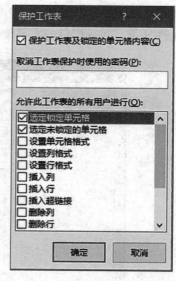

图 5-11 "保护工作表"对话框

四、编辑工作表

（一）工作表中数据的输入

1. 输入方法

Excel 允许用户向单元格输入文本、数字、日期与时间、公式等，并且自行判断所输入的数据是哪一种类型，然后进行适当的处理。通常可以采用以下方法进行数据的输入：

（1）单击要输入数据的单元格，然后直接输入数据。如该单元格中原先有数据，则采用此方法将直接输入的数据替换原来的数据。

（2）双击单元格，将插入点置于单元格中，输入或编辑单元格内容。

（3）选定单元格，单击编辑栏，在编辑栏中输入或编辑单元格内容。

◀)) 小提示

如果要在一个单元格中输入多行数据，在单元格中要换行位置，按 Alt + Enter 组合键可强行换行。

2. 输入类型

（1）输入文本。文本数据包括汉字、英文字母、数字、空格及其他可输入字符。当输入的文本长度超出单元格宽度时，若右边单元格无内容，则扩展到右边列，否则会截断显示。

◀》小提示

　　有些文本数据（如邮政编码、电话号码、产品代号等）全部由数字组成，为了避免 Excel 将它按数值型数据处理，在输入时只要在数字前加上一个单撇号（如" ' 62457811"），Excel 就会把该数字作为字符型数据处理。

　　（2）输入数值型数据。在 Excel 中，数值型数据包括 0 ~ 9、+、-、/、( )、$、%、E、e 等符号。默认情况下，数值会自动沿单元格右边对齐。

　　通常情况下，输入的数值为正数，Excel 将忽略数字前面的正号（+）。如果要输入负数，在数字前加一个负号"-"，或者将数值置于括号内，如输入"-15"和"(15)"都可在单元格中得到"-15"。

◀》小提示

　　要在单元格中输入分数形式的数据，应在编辑框中输入 0 和一个空格，然后再输入分数，否则 Excel 会将分数当作日期处理。如要输入 2/3，则在编辑框中输入"0 2/3"，按 Enter 键即可。

　　当数值长度超过单元格宽度时，在单元格中显示为科学记数法，如 1.1E + 10 ；若显示不下时，以一串"#"号表示，但编辑框中仍保持原来输入的内容。

　　（3）输入日期型和时间型数据。在输入日期和时间时，可以直接输入一般格式的日期和时间，也可以通过设置单元格格式输入多种不同类型的日期和时间。

　　输入日期时，在年月日之间用"/"或"-"隔开。输入时间时，可以时间格式直接输入，如输入"20：20：20"。在 Excel 中系统默认的是 24 小时制，如果想要按照 12 小时制，就应在输入的时间前面加上"AM"或"PM"来区分上、下午。

　　若要在单元格中同时输入日期和时间，先输入时间或先输入日期均可，中间用空格隔开。输入的日期或时间在单元格中默认右对齐。

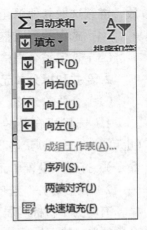

　　（4）使用填充输入数据。在输入数据时，如果发现该数据有一定规律，就可以采用自动填充的方法来完成，而不需要手动输入，从而提高效率。

　　1）使用填充柄：将鼠标放在初始值所在单元的右下角，当鼠标指针变为实心十字形时，拖动至要填充的最后一个单元格，即可自动填入一系列的数值。

　　2）使用"填充"按钮：单击"开始"选项卡"编辑"组中的"填充"按钮，在下拉列表中提供了几种填充方式，如图 5-12 所示，按需求选择即可。

图 5-12　填充方式

大学生信息技术

拓展提高

选择"序列"命令，将弹出"序列"对话框，如图5-13所示。在对话框中设置了"等差序列""等比序列""日期""自动填充"四种类型。如A1的初值为2，"类型"选为"等差序列"，"步长值"设为"4"，"终止值"设为"20"，"序列产生在"设为"列"，则填充结果如图5-14所示。

图5-13 "序列"对话框

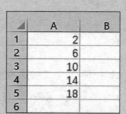

图5-14 填充结果

（二）单元格的编辑

1. 选定操作区域

（1）选定单个单元格。单击某一单元格即可选定。

（2）选定连续的多个单元格。先选取该区域左上角单元格，再拖动到右下角单元格，然后松开鼠标。被选取的区域以反向显示，但活动单元格仍为白底色。

（3）选定不连续的多个单元格。首先选取一个单元格或一个区域，再按住Ctrl键不放，继续选取其他单元格或区域。

（4）选定整行或整列。单击行标或列标即可完成整行或整列的选取。

（5）选定整个表格。单击工作区左上角的"全选框"按钮或按Ctrl＋A组合键。

2. 合并和拆分单元格

（1）合并单元格。合并单元格的具体操作如下：

1）选择要合并的单元格区域，单击"开始"功能区"对齐方式"组右下角的按钮（也可以单击"单元格"组中的"格式"下拉按钮，在下拉列表中选择"设置单元格格式"命令），打开"设置单元格格式"对话框，如图5-15所示。

2）在"对齐"选项卡中勾选"合并单元格"复选框，单击"确定"按钮即可。

有时为了将标题居于表格的中央，可以利用"合并并居中"功能，操作方法：选择好要合并的单元格区域后，单击"开始"功能区"对齐方式"组中的"合并后居中"按钮即可。

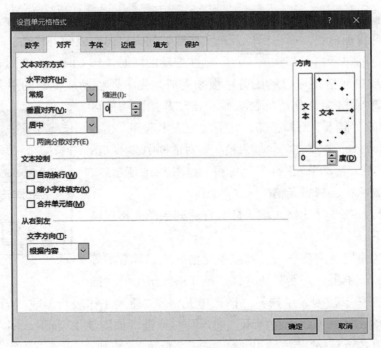

图 5-15　"设置单元格格式"对话框

（2）拆分单元格。对于已经合并的单元格，需要时可以将其拆分为多个单元格。选中要拆分的单元格，单击鼠标右键，在弹出的快捷菜单中选择"设置单元格格式"命令，打开"设置单元格格式"对话框。切换到"对齐"选项卡，取消选中"合并单元格"复选框即可。

3. 复制或移动单元格

在工作表中，常需要将某些单元格区域内容复制或移动到其他位置，而不必重新输入它们。复制或移动单元格区域的形式有两种：一种是覆盖式；另一种是插入式。覆盖式复制或移动会将目标位置单元格区域中的内容覆盖为新的内容；插入式复制或移动会将目标位置单元格区域中的内容向右或向下移动，然后将新的内容插入目标位置。

（1）覆盖式复制或移动单元格。覆盖式移动单元格的具体操作如下：

1）选定要移动的单元格区域，将鼠标指针移到单元格的边框上，当鼠标指针由空心十字形变为四向选中箭头时，按住鼠标左键开始拖动，拖动时会有一个与原区域同样大小的虚线框随之移动。

2）拖动到目标区域后松开鼠标左键，则可将选定的区域移到目标位置，原目标位置区域的内容将被覆盖。

复制单元格与移动单元格类似，只是要在拖动时按住 Ctrl 键，到达目标位置时，先松开鼠标左键，再松开 Ctrl 键，即可完成拖动复制单元格的操作。

（2）插入式复制或移动单元格。插入式复制或移动单元格的具体操作如下：

插入式移动单元格的操作与覆盖式移动单元格的操作类似，只是在拖动鼠标指针时按住 Shift 键，将鼠标指针移到目标位置上，其边框上会出现 I 形虚线插入条，同时鼠标指针旁会出现位置提示，指示被选定的单元格区域将被插入的位置。松开鼠标左键，则可将选定的区域移到目标位置，原目标位置单元格区域的内容向右或向下移动。

如要将选定的单元格复制到插入点，则在拖动的同时按住 Ctrl + Shift 组合键。

复制或移动单元格还可以利用剪贴板来完成。先将要移动或复制的单元格剪切或复制，然后移动单元格指针到目标位置，单击"开始"功能区"单元格"组中的"插入"下拉按钮，在下拉列表中选择"插入复制的单元格"命令，在弹出的"插入粘贴"对话框中选择"活动单元格右移"或"活动单元格下移"即可，如图5-16所示。

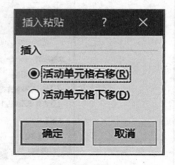

图5-16 "插入粘贴"对话框

4. 插入和删除行、列单元格

（1）插入行、列或单元格区域。插入行、列或单元格区域的具体操作如下：

在要插入的位置选定若干行、列或单元格区域，其范围等于要插入的区域。单击"开始"功能区"单元格"组中的"插入"下拉按钮，在下拉列表中选择"插入单元格""插入工作表行"或"插入工作表列"命令。若插入单元格区域，则会弹出"插入"对话框，如图5-17所示，用户可以根据需要选择"活动单元格右移""活动单元格下移""整行""整列"，单击"确定"按钮，即可插入相同大小的行、列或单元格区域。

（2）删除行、列或单元格区域。删除行、列或单元格区域的具体操作如下：

选定若干行、列或单元格区域。单击"开始"功能区"单元格"组中的"删除"下拉按钮，在下拉列表中选择"删除单元格""删除工作表行"或"删除工作表列"命令。若删除单元格区域，则会弹出"删除"对话框，如图5-18所示，用户可以根据需要选择"右侧单元格左移""下方单元格上移""整行""整列"，单击"确定"按钮，即可完成删除。

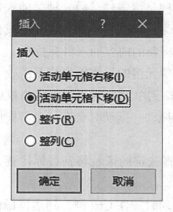

图5-17 "插入"对话框

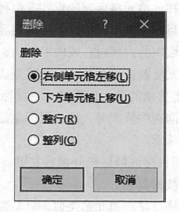

图5-18 "删除"对话框

（3）清除单元格。清除只是抹去单元格区域的内容，而单元格本身没有被删除，这是清除与删除操作不同的地方。清除单元格的具体操作：选中要清除的单元格区域，单击"开始"功能区"编辑"组中的"清除"下拉按钮，在下拉列表中选择"全部清除""清除格式""清除内容""清除批注"或"清除超链接"命令。

若只是清除内容，也可选中要清除的单元格区域后，按 Delete 键，或者单击鼠标右键，在快捷菜单中选择"清除内容"命令。

（三）显示或隐藏工作表、行、列

选中要隐藏工作表的标签或工作表的若干行、列，单击鼠标右键，在快捷菜单中选择"隐藏"命令，即完成工作表、行、列的隐藏。

如果要取消工作表的隐藏，在任一工作表标签上单击鼠标右键，在快捷菜单中选择"取消隐藏"命令，在弹出的"取消隐藏"对话框中选择相应的工作表，单击"确定"按钮即可。

如果要取消行、列的隐藏，应先选择包含隐藏部分的区域，单击鼠标右键，在快捷菜单中选择"取消隐藏"命令即可。

（四）设置边框和填充效果

1. 设置边框

在默认情况下，Excel 2016 并不为单元格设置边框，工作表中的框线在打印时并不会显示出来。为了使工作表更美观和容易阅读，可以为表格添加不同线型的边框，具体操作如下：

（1）选择要加边框的区域，单击"开始"功能区"字体"组中的"边框"下拉按钮，在下拉列表中选择要设置的边框线类型。

（2）选择要加边框的区域，单击"开始"功能区"单元格"组中的"格式"下拉按钮，在下拉列表中选择"设置单元格格式"命令，打开"设置单元格格式"对话框。打开"边框"选项卡，如图 5-19 所示。

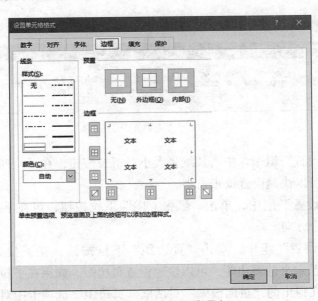

图 5-19　"边框"选项卡

在该选项卡的左部"线条"栏中，选择边框的线条样式和颜色。在该选项卡的右部"预置"栏选择边框形式，有"无""外边框"或"内部"3种形式可供选择。在"边框"栏中，可按需要选择边框线。

2. 添加单元格的填充效果

Excel默认单元格的颜色是白色，并且没有图案。为了使表格中的重要信息更加醒目，可为单元格添加填充效果。其具体操作：选择要设置填充效果的单元格区域，单击"开始"功能区"字体"组中的"填充颜色"下拉按钮，在下拉列表中选择所需要的颜色。

（五）改变行高、列宽

改变行高、列宽有以下两种操作方法：

（1）移动鼠标指针到要调整行高（列宽）的行号底（列号右侧）边框线处，此时鼠标指针变成带上下箭头的十字形状，拖动到合适的高度（宽度）即可。

（2）选定行（列）后，单击"开始"功能区"单元格"组中的"格式"下拉按钮，在下拉列表中选择"行高"（"列宽"）命令，输入精确的行高值（列宽值），单击"确定"按钮即可。

五、打印工作表

为了将排版好的表格打印出来，需要进行页面设置，包括选择纸张大小、页边距、页面方向、页眉和页脚、工作表的设置等。

1. 页面设置

利用"页面布局"功能区按钮，可方便地进行页面设置，以满足不同的工作版面要求，如图5-20所示。

图5-20 "页面布局"功能区

（1）在"页面设置"组中，单击"纸张大小"下拉按钮，在下拉列表中提供了许多预定义的纸张大小，可以快速设置纸张大小。

（2）在"页面设置"组中，单击"纸张方向"下拉按钮，可在下拉列表中选择"纵向"和"横向"两个方向。

（3）在"页面设置"组中，单击"页边距"下拉按钮，在下拉列表中提供了"普通""窄""宽"等预定义的页边距，可以快速设置页边距。如果在下拉列表中选择"自定义边距"命令，可在弹出的"页面设置"对话框"页边距"选项卡中对边距和页脚、页眉高度进行具体设置。

（4）在默认情况下，打印工作表时会将整个工作表都打印输出，如果仅打印部分区域，可以选定要打印的单元格区域，单击"页面设置"组中的"打印区域"按钮，在下拉列表中选择"设置打印区域"命令即可。

（5）如果要使行和列在打印输出中更易于识别，可以显示打印标题。单击"页面设置"组中的"打印标题"按钮，弹出"页面设置"对话框，在"打印标题"区域中输入标题所在的单元格区域即可。

（6）单击"插入"功能区"文本"组中的"页眉和页脚"按钮，进入"设计"功能区，可利用"设计"功能区的按钮对页眉和页脚进行具体设置。

2. 打印预览和打印输出

选择"文件"→"打印"命令，在窗口的右侧即可预览打印的效果。如果对预览效果比较满意，就可以正式打印。单击"打印"按钮，即可开始打印。打印选项的设置方法与Word 2016 类似，此处不再赘述。

任务二　Excel 2016 高级进阶

一、公式

公式是以"="开头的表达式。其中，表达式由运算符、常量、函数、单元格地址等组成，不能包含空格。使用公式可以对单元格中的数据进行加、减、乘、除、乘方、统计等计算，也可以用公式对文本进行操作和比较。

1. 输入公式

（1）通过编辑栏输入公式。在 Excel 2016 工作表中，单击准备输入公式的单元格，单击编辑栏中的编辑框。在编辑框中输入准备输入的公式，如"= B2 + C2 + D2"。单击"输入"按钮或按 Enter 键，即可完成通过编辑栏输入公式的操作。

（2）单元格直接输入公式。在 Excel 2016 工作表中，双击准备输入公式的单元格，在已选的单元格中输入准备输入的公式，如输入"= B4 + C4 + D4 + E4 + F4"，单击已选单元格之外的任意单元格，如单击"D5 单元格"，这样即可完成在单元格中直接输入公式的操作。

2. 修改公式

在公式输入完毕后，可以根据需要对公式进行修改。选中要进行修改的公式所在单元格，在编辑栏中修改公式，修改完毕后单击"输入"按钮或按 Enter 键。

◀))小提示

当在修改或重新编辑公式时，不要随意单击其他单元格，这样可能会使公式出错。

3. 运算符

运算符用来对公式中的各元素进行运算操作。Excel 包含算数运算符、比较运算符、文本运算符和引用运算符四种类型。运算符的优先级见表 5-1。

表 5-1　运算符的优先级

运算符	括号 （ ）	冒号 ：	逗号 ，	空格	负数 －	百分比 %	乘方 ^	乘除 */	加减 +－	串接 &	比较运算符 =<><=>=
优先级	1	2	3	4	5	6	7	8	9	10	11

（1）算数运算符：包括加（+）、减（−）、乘（*）、除（/）、百分比（%）、乘方（^）等。

（2）比较运算符：用于比较两个数值并产生逻辑值 TRUE（真）或 FALSE（假），包括等于（=）、小于（<）、大于（>）、小于或等于（<=）、大于或等于（>=）、不等于（<>）等。

（3）文本运算符 &：可将一个或多个文本链接成为一个组合文本，如在单元格中输入＝"北京" & "大学"，结果为"北京大学"。

（4）引用运算符：用于将单元格区域合并计算，引用运算符包括以下几项：

1）冒号（区域）：对两个引用之间，包括两个引用在内的所有区域的单元格进行引用。

2）逗号（联合）：将多个引用合并为一个引用，如"SUM（A4：A10，C4：C10）"。

3）空格（交叉）：产生同时隶属于两个引用的单元格区域的引用。

4. 公式的自动填充

在一个单元格中输入公式后，若相邻的单元格中需要进行同类计算，可利用公式的自动填充完成，具体操作如下：

（1）在 Excel 2016 工作表中，单击选择公式所在的单元格，将鼠标指针移动至已选单元格右下角的填充柄上。

（2）单击并拖动鼠标指针至目标位置。

5. 删除公式

选中单元格，按 Delete 键，就可以同时删除数据和公式，如果只想删除公式而保留数据，就要通过单独删除公式来操作，具体操作如下：

（1）选中要删除公式的单元格，复制该单元格中的公式和数值。

（2）单击"开始"功能区"剪贴板"组中的"粘贴"下拉按钮，在下拉列表中单击"值"按钮。

（3）此时单元格的值保留下来，而公式被删除了。

6. 单元格的引用

在 Excel 中使用单元格的地址来代替单元格内数据，称为单元格的引用。单元格的引用在于标识工作表上的单元格或单元格区域。

（1）相对引用。相对引用是指公式中的单元格地址随着公式单元格位置的改变而改变。Excel 中默认的单元格引用就是相对引用，直接用列标和行号表示，如"C3""E8"或"E6：H9"。在公式的复制中，原公式中的单元格地址会根据公式移动的相对位置做相应地改变。

（2）绝对引用。绝对引用是指公式中的单元格地址不随着公式位置的改变而发生改变。使用绝对引用的方法是在行号和列标前面加上"$"符号，如"$C$2""$D$4"。在公式的复制中，原公式中的单元格地址不会根据公式移动的位置而发生改变。

（3）混合引用。混合引用是指在同一个单元格中，既含有相对引用又有绝对引用。混合引用是在行号或列标前面加上"$"符号，如"$A1"或"A$1"。在公式的复制中，单元格地址相对引用部分根据公式移动的位置做相应改变，绝对引用部分保持不变。

（4）跨工作表的单元格地址引用。公式中可能会用到另一个工作表单元格中的数据，可通过如下形式引用：工作表名！单元格地址，如公式"=（A1＋B1＋C1）*Sheet2!A2"，其中"Sheet2!A2"表示工作表 Sheet2 中的 A2 单元格地址。

◀)) **小提示**

单元格绝对引用时，"$"符号可以直接输入，也可以选定单元格名称后按 F4 键自动添加。

二、函数

1. 函数的概念

函数是预定义的内置公式。它有其特定的格式与用法，通常每个函数由一个函数名和相应的参数组成。参数位于函数名的右侧并用括号括起来，它是一个函数用以生成新值或进行运算的信息，大多数参数的数据类型都是确定的，而其具体值由用户提供。

多数情况下，函数的计算结果是数值，同时也可以返回到文本、数组或逻辑值等信息，与公式相比较，函数可用于执行复杂的计算。

在 Excel 2016 中，调用函数时需要遵守 Excel 对于函数所制定的语法结构，否则将会产生语法错误，函数的语法结构由等号、函数名称、括号、参数组成，如"=SUM（A10，B4：B10，45）"。

在 Excel 2016 中，函数按其功能可分为财务函数、日期时间函数、数学与三角函数、统计函数、查找与引用函数、数据库函数、文本函数、逻辑函数及信息函数。常用函数

SUM、AVERAGE、COUNT、MAX 和 MIN 的功能和用法见表 5-2。

表 5-2 常用函数表

函数	格式	功能
SUM	= SUM（number1，number2，……）	求出并显示括号或括号区域中所有数值或参数的和
AVERAGE	= AVERAGE（number1，number2，……）	求出并显示括号或括号区域中所有数值或参数的算术平均值
COUNT	= COUNT（valuel，value2，……）	计算参数表中的数字参数和包含数字的单元格的个数
MAX	= MAX（number1，number2，……）	求出并显示一组参数的最大值，忽略逻辑值及文本字符
MIN	= MIN（number1，number2，……）	求出并显示一组参数的最小值，忽略逻辑值及文本字符

2. 输入函数

在 Excel 2016 中，函数可以直接输入，也可以使用命令输入。当用户对函数非常熟悉时，可采用直接输入法。

（1）直接输入。首先单击要输入的单元格，再依次输入等号、函数名、具体参数（要带左右括号），并按 Enter 键或单击"输入"按钮确认即可。

（2）使用插入函数功能输入函数。在多数情况下，用户对函数不太熟悉，因此，要利用"粘贴函数"命令，并按照提示——按需选择，其具体操作如下：

1）在 Excel 工作表中，选择准备输入函数的单元格，单击"公式"功能区"函数库"组中的"插入函数"按钮。

2）在弹出的"插入函数"对话框中，在"或选择类别"下拉列表框中选择"常用函数"选项，在"选择函数"列表框中选择准备插入的函数（如选择"SUM"），单击"确定"按钮，如图 5-21 所示。

3）窗口中弹出"函数参数"对话框，在 SUM 区域中，单击"Number 1"文本框右侧的折叠按钮，如图 5-22 所示。

在工作区选择可变单元格区域，在"函数参数"对话框中单击"展开对话框"按钮，返回"函数参数"对话框，"Number 1"文本框中显示参数，单击"确定"按钮，计算结果即显示在单元格中。

（3）使用快捷按钮输入。对于一些常用的函数，如求和、求平均值、计数等可利用"公式"功能区"函数库"中的快捷按钮来完成，如图 5-23 所示。

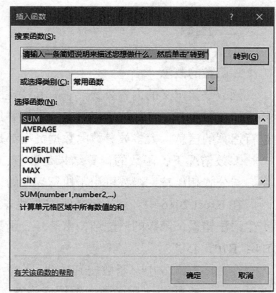

图 5-21 "插入函数"对话框

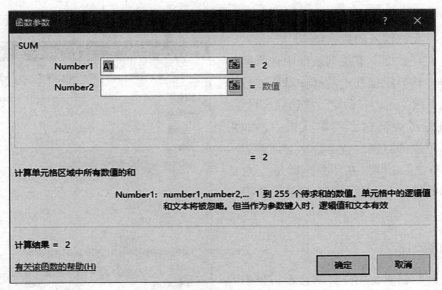

图 5-22　"函数参数"对话框

图 5-23　函数库

◀)) 小提示

　　公式和函数中的运算符号必须是半角符号，在汉字输入法状态下，很容易以全角符号输入，从而导致函数或公式无法计算。此时只要关闭中文输入法，或者切换到半角状态再输入即可。

三、数据管理与分析

知识拓展：Excel
中带单位后缀的
数字如何计算

（一）数据验证

　　在输入数据时，有些数据有其特定的要求，这时就要验证数据是否有效。例如，学生每门课的成绩范围为 0 ~ 100，超出这个范围的数据都是错误的。数据验证的具体操作如下：

　　（1）选定需要设置数据有效性范围的单元格，单击"数据"功能区"数据工具"组中的"数据验证"按钮。

（2）弹出"数据验证"对话框，如图5-24所示。在"设置"选项卡的"允许"下拉列表框中选择允许输入的数据类型。

（3）在"数据"下拉列表框中选择所需的操作符，然后根据选定的操作符指定数据的上限或下限，单击"确定"按钮完成设置。

在设置了验证数据的单元格中，如果输入超出范围的数据，就会弹出对话框提示"输入值非法"。可以在"数据验证"对话框的"出错警告"选项卡中自定义警告提示内容。

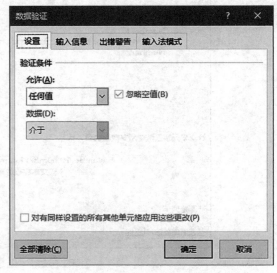

图5-24 "数据验证"对话框

（二）数据排序

在查阅数据时，用户经常会希望表中的数据可以按一定的顺序排列，以方便查看。排序是按照关键字排的，关键字可以有多个，先排的称为主关键字，后排的称为次关键字、第三关键字等。确定了关键字还要注意排序的方向，有升序和降序两种排序方向。

1. 单个关键字排序

先单击须排序列的任一单元格，再单击"数据"功能区"排序和筛选"组中的"升序"按钮或"降序"按钮，即可完成排序。这种方式只能进行一个关键字的排序。

2. 多关键字复杂排序

多关键字复杂排序是指对选定的数据区域按照两个或两个以上的关键字进行排序。例如，对于"期末成绩表"，可以先按照"总分"升序排列，总分相同的再按照"学生姓名"降序排列。如图5-25所示，在"排序"对话框中，可以将"主要关键字"选择为"总分"，"排序依据"为"数值"，"次序"为"升序"。再单击"添加条件"按钮，增加"次要关键字"，选择为"姓名"，"排序依据"为"数值"，"次序"为"降序"。

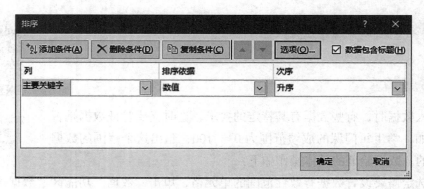

图5-25 "排序"对话框

3. 按行对数据排序

Excel 默认是按列队数据排序，如要按行进行排序，可在打开“排序”对话框后单击“选项”按钮，在弹出的“排序选项”对话框中，选择“按行排序”单选按钮，如图 5-26 所示。同时，也可以在对话框中设置按照字母排序，按照汉字的笔画进行排序。

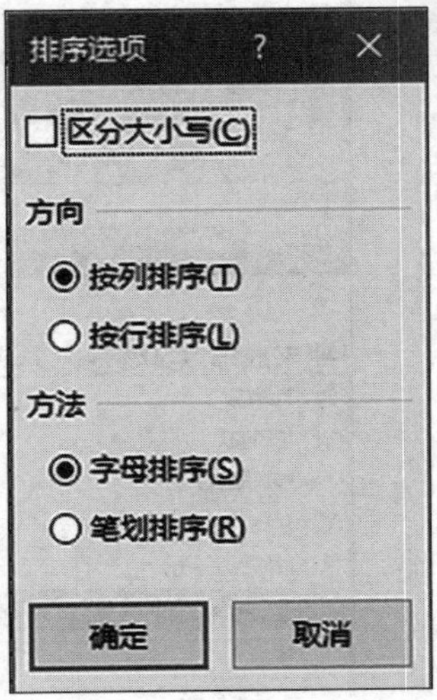

图 5-26　“排序选项”对话框

（三）筛选数据

Excel 提供了筛选功能，可以方便地在海量的表格数据中选出符合条件的数据行，而筛选掉（即隐藏）不满足条件的行。数据筛选功能包括自动筛选与高级筛选两类。

1. 自动筛选

自动筛选是一种快速的筛选方法，用户可通过它快速地选出数据。下面以图 5-27 所示第一学期期末成绩表为例，说明筛选出计算机期末成绩大于或等于 40 分，小于 60 分的数据，给予补考机会。

	A	B	C	D	E	F
1	计算机成绩表					
2	序号	姓名	专业	平时成绩（40%）	期末成绩（60%）	总评成绩
3	1	钱大	自动化	60.00	65.00	63.00
4	2	孙二	计算机	75.00	40.00	54.00
5	3	张三	软件技术	60.00	20.00	36.00
6	4	李四	计算机	100.00	90.00	94.00
7	5	王五	软件技术	75.00	70.00	72.00
8	6	赵六	自动化	60.00	30.00	42.00
9	7	周七	计算机	65.00	80.00	74.00
10	8	吴八	自动化	80.00	60.00	68.00
11	9	郑九	软件技术	90.00	95.00	93.00
12	10	冯十	自动化	40.00	45.00	43.00

图 5-27　期末成绩表

（1）单击数据区域中任一单元格。

（2）单击“数据”功能区“排序和筛选”组中的“筛选”按钮，在表头单元格中会出现下拉按钮。

（3）单击“总评成绩”右侧的下拉按钮，在下拉列表中选择“数字筛选”→“介于”命令，如图 5-28 所示。

（4）在弹出的“自定义自动筛选方式”对话框中进行筛选条件的设置，如图 5-29 所示。单击“确定”按钮，工作区只显示符合筛选条件的数据，如图 5-30 所示。

当不需要筛选功能时，可以取消自动筛选功能。取消该功能的方法与开启一样，选择“数据”选项卡中的“筛选”选项或使用“ Ctrl + Shift + L”组合键，所有列标题旁的筛选箭头都会消失，全部数据恢复显示。

图 5-28　介于

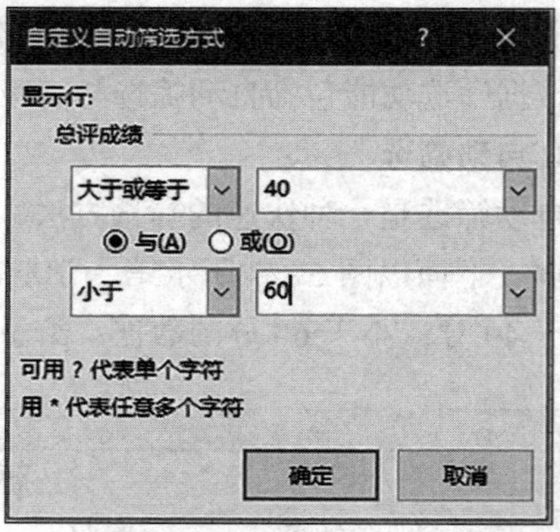

图 5-29　"自定义自动筛选方式"对话框

A	B	C	D	E	F
1			计算机成绩表		
序号	姓名	专业	平时成绩（40%）	期末成绩（60%）	总评成绩
2	孙二	计算机	75.00	40.00	54.00
6	赵六	自动化	60.00	30.00	42.00
10	冯十	自动化	40.00	45.00	43.00

图 5-30　筛选结果

2. 高级筛选

如果数据区域中的标题较多，筛选的条件也就比较多，自动筛选就显得非常烦琐，此时，可以使用高级筛选功能进行处理。

如果构建复杂条件则可以实现高级筛选。所构建的复杂条件需要放置在单独的区域中，可以为该条件区域命名以便引用。用于高级筛选的复杂条件中可以像在公式中那样使用运算符比较两个值。

创建复杂条件的原则：条件区域中必须有列标题且与包含在数据列表中的列标题一致；表示"与（and）"的多个条件应位于同一行中，意味着只有这些条件同时满足的数据才会被筛选出来；表示"或（or）"的多个条件应位于不同的行中，意味着只要满足其中的一个条件就会被筛选出来。

（四）分类汇总

分类汇总就是将数据分类别进行统计，便于对数据分析管理。分类汇总时要注意：一是数据必须先排好序（按分类字段）；二是要知道按什么分类（称分类字段）、对什么汇总（称汇总项）、怎样汇总（称汇总方式）。

下面仍以图 5-27 所示成绩表为例，说明如何进行分类汇总。

（1）先以"专业"为排序对象进行排序。先单击"专业"列任一单元格，再单击"数据"功能区"排序和筛选"组中的"升序"按钮，将自动进行排序。

（2）先单击数据区域中任一单元格，再单击"数据"功能区"分级显示"组中的"分类汇总"按钮，如图 5-31 所示，在弹出的"分类汇总"对话框中，"分类字段"选择"专业"，"汇总方式"选择"平均值"，"选定汇总项"选择"总评成绩"，如图 5-32 所示，单击"确定"按钮，分类汇总结果如图 5-33 所示。

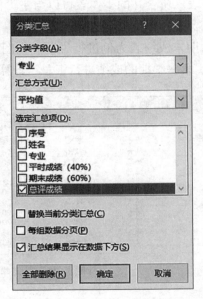

图 5-31 "分级显示"组　　　　图 5-32 "分类汇总"对话框

1 2 3		A	B	C	D	E	F
	1			计算机成绩表			
	2	序号	姓名	专业	平时成绩（40%）	期末成绩（60%）	总评成绩
	3	2	孙二	计算机	75.00	40.00	54.00
	4	4	李四	计算机	100.00	90.00	94.00
	5	7	周七	计算机	65.00	80.00	74.00
	6			计算机 平均值			74.00
	7	3	张三	软件技术	60.00	20.00	36.00
	8	5	王五	软件技术	75.00	70.00	72.00
	9	9	郑九	软件技术	90.00	95.00	93.00
	10			软件技术 平均值			67.00
	11	1	钱大	自动化	60.00	65.00	63.00
	12	6	赵六	自动化	60.00	30.00	42.00
	13	8	吴八	自动化	80.00	60.00	68.00
	14	10	冯十	自动化	40.00	45.00	43.00
	15			自动化 平均值			54.00
	16			总计平均值			63.90

图 5-33 分类汇总结果

在进行分类汇总后如果想撤销，可以单击"数据"功能区"分级显示"组中的"分类汇总"按钮，在弹出的"分类汇总"对话框中单击"全部删除"按钮，如图5-32所示，即可撤销分类汇总的结果，恢复原来的表格。

◀)) 小提示

在图5-33中可以看出，分类汇总后的工作表的最左侧有几个标有"-"号和"1""2""3"的小按钮，利用这些按钮可以实现数据的分级显示。

（五）合并计算

若要汇总和报告多个单独工作表中数据的结果，可以将每个单独工作表中的数据合并到一个主工作表。所合并的工作表可以与主工作表位于同一工作簿中，也可以位于其他工作簿中。

下面仍以期末成绩表为例进行说明。如图5-34所示为学生第二学期的期末成绩。请与图5-27所示第一学期的成绩进行汇总，计算出每个学生两个学期的平均值。

	A	B	C	D	E	F
1	计算机成绩表					
2	序号	姓名	专业	平时成绩（40%）	期末成绩（60%）	总评成绩
3	1	钱大	自动化	70.00	85.00	79.00
4	2	孙二	计算机	80.00	60.00	68.00
5	3	张三	软件技术	60.00	60.00	60.00
6	4	李四	计算机	100.00	95.00	97.00
7	5	王五	软件技术	70.00	75.00	73.00
8	6	赵六	自动化	70.00	50.00	58.00
9	7	周七	计算机	80.00	90.00	86.00
10	8	吴八	自动化	70.00	65.00	67.00
11	9	郑九	软件技术	85.00	85.00	85.00
12	10	冯十	自动化	60.00	50.00	54.00
13						

图5-34 第二学期期末成绩

（1）新建一个工作表，并建立成绩汇总表，如图5-35所示。

	A	B	C	D
1	两学期成绩汇总			
2	序号	姓名	专业	成绩汇总
3	1	钱大	自动化	
4	2	孙二	计算机	
5	3	张三	软件技术	
6	4	李四	计算机	
7	5	王五	软件技术	
8	6	赵六	自动化	
9	7	周七	计算机	
10	8	吴八	自动化	
11	9	郑九	软件技术	
12	10	冯十	自动化	

图5-35 成绩汇总表

（2）选取 D3 ～ D12 单元格，单击"数据"功能区"数据工具"组中的"合并计算"按钮，弹出"合并计算"对话框，如图 5-36 所示。

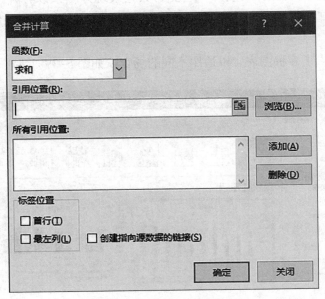

图 5-36 "合并计算"对话框

（3）在"函数"下拉列表中选择"平均值"。

（4）单击"引用位置"后面的"折叠"按钮，框选第一学期中的 F3：F12，如图 5-37 所示，再次单击"折叠"按钮返回，单击"添加"按钮，将引用位置加入。重复选取第二学期的 F3：F12。

（5）单击"确定"按钮，汇总结果如图 5-38 所示。

图 5-37 选取引用位置

序号	姓名	专业	成绩汇总
两学期成绩汇总			
序号	姓名	专业	成绩汇总
1	钱大	自动化	71.00
2	孙二	计算机	61.00
3	张三	软件技术	48.00
4	李四	计算机	95.50
5	王五	软件技术	72.50
6	赵六	自动化	50.00
7	周七	计算机	80.00
8	吴八	自动化	67.50
9	郑九	软件技术	89.00
10	冯十	自动化	48.50

图 5-38 两学期成绩汇总结果

（六）使用图表分析数据

Excel 2016 除强大的计算功能外，还能将数据或统计结果以各种统计图表的形式显示，更加形象、直观地反映数据的变化规律和发展趋势，供决策分析使用。

1. 图表类型

Excel 2016 提供了多种图表，以适用不同的场合，如图 5-39 所示。

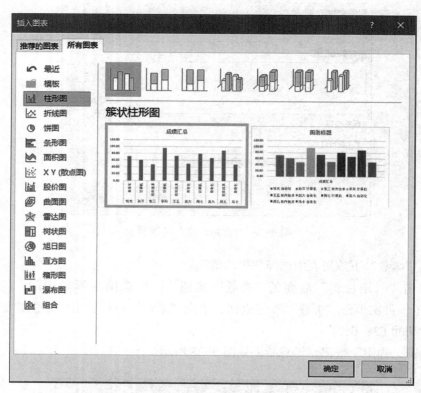

图 5-39　所有图表

2. 图表组成

在 Excel 2016 中，创建好的图表由图表区、绘图区、图表标题、数据系列、图例和坐标轴等多个部分组成，如图 5-40 所示。

（1）图表区：整个图表及其包含的元素。

（2）绘图区：在二维图表中，以坐标轴为界并包含全部数据系列的区域。在三维图表中，绘图区以坐标轴为界并包含数据系列、分类名称、刻度线和坐标轴标题。

（3）图表标题：一般情况下，一个图表应该有一个文本标题，它可以自动与坐标轴对齐或在图表顶端居中。

（4）数据系列：一个数据系列对应工作表中选定区域的一行或一列数据。数据系列中每一种图形对应一组数据，且呈现统一的颜色或图案，在横坐标轴上每个分类都对应着一个或多个数据，并以此构成数据系列。

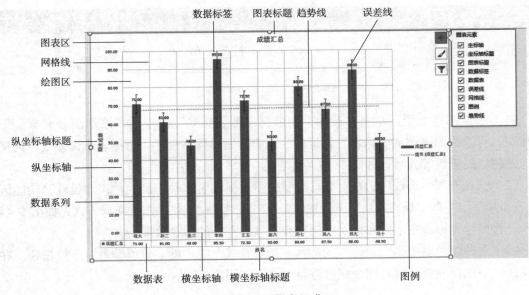

图 5-40　图表组成

（5）坐标轴：坐标轴分为纵坐标轴和横坐标轴。纵坐标轴是指图表中垂直方向的 Y 轴。默认情况下，纵坐标轴上的刻度范围介于数据系列中所有数据的最大值和最小值之间。横坐标轴是指图表中水平方向的 X 轴，它用来表示图表中需要比较的各个对象。

（6）轴标题：创建图表时为了使图表的内容更加清晰，还可以为坐标添加标题，轴标题分为横坐标轴标题和纵坐标轴标题。

（7）网格线：图表中从坐标轴刻度线延伸开来并贯穿整个绘图区的可选线条系列。

（8）图例：图例用于显示图表中相应的数据系列的名称和数据系列在图中的颜色。

（9）数据表：在图表下面的网格中显示每个数据系列的值。

（10）数据标签：数据标签是为数据标记提供信息的标签，它代表源于数据表某个单元格的值。

（11）误差线：误差线以图形形式显示了与数据系列中每个数据标记相关的可能误差量。

（12）趋势线：趋势线用于以图形方式显示数据趋势和帮助分析预测问题。

3. 创建图表

Excel 2016 不仅图表类型丰富，生成图表也很快捷，选中数据，单击"插入"功能区"图表"组中的"推荐的图表"按钮，就可以快速生成图表。此时，功能区多了"设计"和"格式"标签，可对图表进行编辑，如图 5-41 和图 5-42 所示。

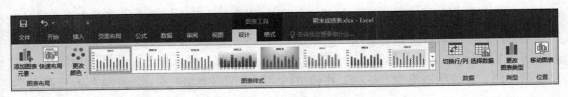

图 5-41　"设计"功能区

图 5-42 "格式"功能区

（1）添加图表元素。单击"设计"功能区"图表布局"组中的"添加图表元素"下拉按钮，可以为图表添加坐标轴、轴标题、图表标题、数据标签、数据表、误差线、网格线、图例、趋势线等元素，如图 5-43 所示。

（2）快速布局。Excel 2016 为不同类型的图表提供了多种布局，单击"设计"功能区"图表布局"组中的"快速布局"下拉按钮，在下拉列表中提供了多种布局方式，如图 5-44 所示。将鼠标光标放在不同布局上可浏览查看该种布局的图表效果。

（3）更改颜色。单击"设计"功能区"图表样式"组中的"更改颜色"下拉按钮，在下拉列表中选择颜色，可对图表颜色进行更改，如图 5-45 所示。

图 5-43　添加图表元素　　　　图 5-44　快速布局　　　　图 5-45　更改颜色

（4）图表样式。在"图表样式"组中，提供了多种图表样式，可选择样式进行更改。

（5）切换行/列。单击"设计"功能区"数据"组中的"切换行/列"按钮，可以交换图表中的行、列数据。

（6）选择数据。图表插入后，如果要对图表显示的数据进行调整，可以单击"设计"功能区"数据"组中的"选择数据"按钮，重新选择图表展示的数据。

（7）更改图表类型。若对已插入的图表类型不满意，可以单击"设计"功能区"类型"组中的"更改图表类型"按钮，在弹出的"更改图表类型"对话框中选择其他图表类型，如图 5-46 所示。

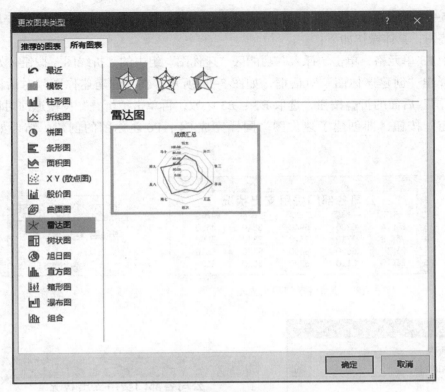

图 5-46 "更改图表类型"对话框

（8）移动图表。图表插入后，可以通过鼠标拖动图表的位置，也可以通过"设计"选项卡中的"移动图表"选项，将图表放置到一个新的工作表中，并创建一个新工作表"Chart1"来存放该图表，如图 5-47 所示。

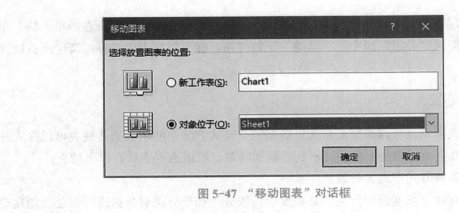

图 5-47 "移动图表"对话框

（七）迷你图

迷你图是工作表单元格中的一个微型图表，使用迷你图可以直观地显示数值系列中的趋势，且只需占用少量的空间。

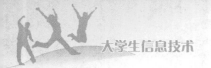

图 5-48 所示为公司各部门费用支出状况，利用迷你图可直观地显示出各季度费用支出的趋势图，具体操作如下：

选中 F3 单元格，单击“插入”功能区“迷你图”组中的“折线图”按钮，如图 5-49 所示，弹出“创建迷你图”对话框，如图 5-50 所示。在“创建迷你图”对话框中单击“数据范围”后面的折叠按钮，选取 B3 : E3 区域，再单击“折叠”按钮返回对话框，单击“确定”按钮，即创建了迷你图。同样完成 F4 : F6 迷你图的创建，结果如图 5-51 所示。

	A	B	C	D	E
1	公司各部门费用支出状况				
2	部门	一季度	二季度	三季度	四季度
3	部门A	5800	6940	3510	4420
4	部门B	3710	2570	3340	3890
5	部门C	6520	3490	5470	5510
6	部门D	5110	5320	6810	3180

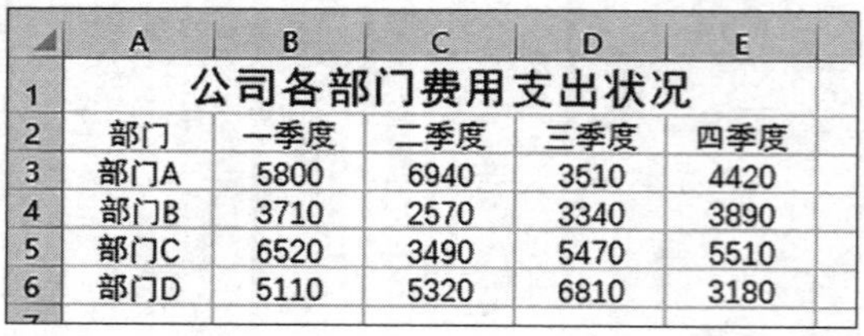

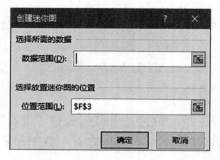

图 5-48　公司各部门费用支出状况

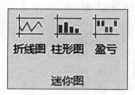

图 5-49　迷你图

图 5-50　“创建迷你图”对话框

	A	B	C	D	E	F
1	公司各部门费用支出状况					
2	部门	一季度	二季度	三季度	四季度	
3	部门A	5800	6940	3510	4420	
4	部门B	3710	2570	3340	3890	
5	部门C	6520	3490	5470	5510	
6	部门D	5110	5320	6810	3180	

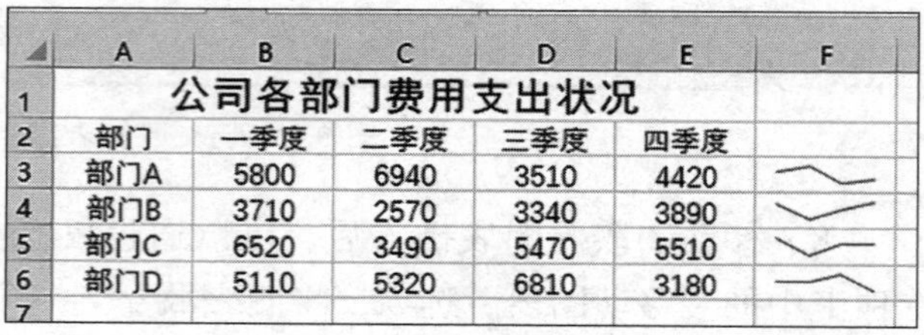

图 5-51　迷你图效果

迷你图不能用 Delete 键删除，如果要删除迷你图，可以选中迷你图所在的单元格，单击“设计”功能区“分组”组中的“清除”下拉按钮，在下拉列表中选择“清除所选的迷你图”命令。

（八）数据透视表

数据透视表是一种可以快速汇总大量数据的交互式方法。使用数据透视表可以深入分析数值数据，并且可以解决一些预计不到的数据问题，数据透视表具有以下特点：

（1）能以多种方式查询大量数据。

（2）可以对数值数据进行分类汇总和聚合，按分类和子分类对数据进行汇总，创建自定义计算和公式。

（3）展开或折叠要关注结果的数据级别，查看感兴趣区域的明细数据。

（4）将行移动到列或将列移动到行（或“透视”），以查看源数据的不同汇总结果。

（5）对最有用和最关注的数据子集进行筛选、排序、分组和有条件地设置格式。

（6）提供简明、有吸引力且带有批注的联机报表或打印表。

数据透视图是以图形形式表示的数据透视表，和图表与数据区域之间的关系相同，各数据透视表之间的字段相互对应，如果更改了某一报表的某个字段位置，则另一报表中的相互字段位置也会改变。

在数据透视图中，除具有标准图表的系列、分类、数据标记和坐标轴外，数据透视图还有特殊的元素，如报表筛选字段、值字段、系列字段、项、分类字段等。

1. 创建数据透视表

创建数据透视表之前，要去掉所有的筛选和分类汇总结果。数据透视表是根据源数据列表生成的，源数据列表中每一列都成为汇总多行信息的数据透视表字段，列名称为数据透视表的字段名。

以第一学期期末成绩为例，创建数据透视表。选择 B14 单元格，单击"插入"功能区"表格"组中的"数据透视表"按钮，弹出"创建数据透视表"对话框，如图 5-52 所示。单击"选择一个表或区域"下的折叠按钮，选取 B2：F12，返回对话框，单击"确定"按钮，即在 B14 单元格出现数据透视表，如图 5-53 所示。在界面右侧出现"数据透视表字段"编辑栏，在其中勾选"姓名""专业"和"总评成绩"，并单击"专业"下拉按钮，在弹出的窗口中只选择"自动化"复选框，如图 5-54 所示。在"值"栏中单击下拉按钮，选择"值字段设置"命令，在弹出的"值字段设置"对话框中选择"平均值"，如图 5-55 所示。单击"确定"按钮，数据透视表结果如图 5-56 所示。

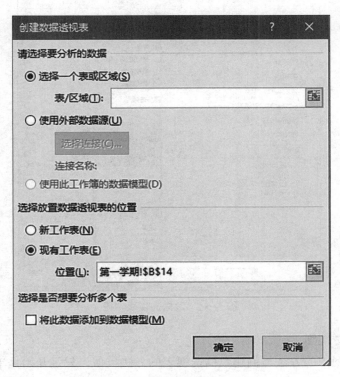

图 5-52 "创建数据透视表"对话框

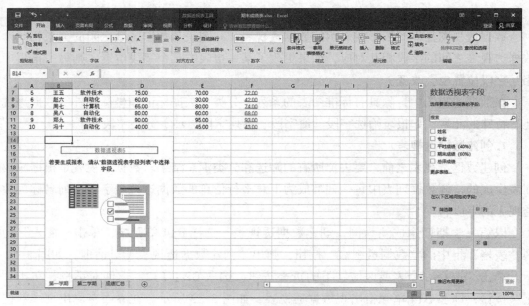

图 5-53　数据透视表

图 5-54　数据透视表字段

2. 创建数据透视图

创建数据透视图的方法与创建数据透视表的方法类似，只是开始是单击"插入"功能区"图表"组中的"数据透视图"按钮。按上述步骤创建数据透视图的结果如图 5-57 所示。

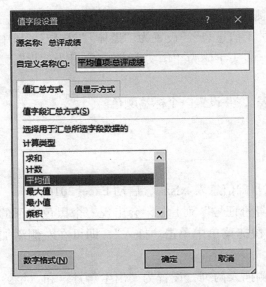

图 5-55　"值字段设置"对话框

行标签	平均值项:总评成绩
⊟冯十	43
自动化	43
⊟钱大	63
自动化	63
⊟吴八	68
自动化	68
⊟赵六	42
自动化	42
总计	54

图 5-56　数据透视表结果

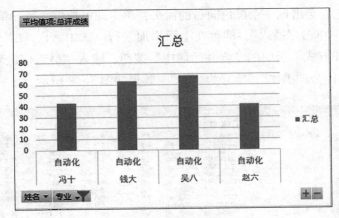

图 5-57　数据透视图

知识拓展：Excel
常用快捷键大全

任务三　Excel 2016 实操练习

一、制作员工信息表

1. 操作要求

（1）打开"素材资源\项目五\员工基础信息表.xlsx"。

（2）在"身份证号"左侧插入一列"性别"；在"身份证号"右侧插入两列，分别是

"出生年月""年龄";在"入职时间"右侧插入一列"工龄"。

（3）在第一行前插入一行，输入"员工信息表"，设置为"黑体""20号"，居中。

（4）为表格设置边框，表头加底纹，表头字体为"华文中宋"，字号为"14"。

（5）将表格中内容居中排列。

（6）为工作表重命名为"员工信息表"，并设置一个标签颜色。

（7）适当调整行高、列宽。

（8）以自己的姓名存储工作簿。

2. 操作步骤

（1）双击"素材资源\项目五\员工基础信息表.xlsx"，启动 Excel 2016。

（2）将鼠标光标移动到 B 列（即"身份证号"列）上，会出现一个黑色向下的箭头，单击，即可选中 B 列，右击，在弹出的快捷菜单中单击"插入"，即可在左侧添加一列。在 B1 单元格中输入"性别"。

（3）以同样方法在"身份证号"右侧插入两列，设置为"出生年月"和"年龄"。在"入职时间"右侧插入一列，设置为"工龄"。

（4）将鼠标移到 1 行上，会出现一个黑色向右的箭头，单击即可选中 1 行，单击鼠标右键，在弹出的快捷菜单中单击"插入"，即可在上面添加一行。选中 A1 ~ L1 单元格，单击"开始"功能区"对齐方式"组中的"合并后居中"按钮，输入"员工信息表"。此时选中 A1 单元格，设置字体为"黑体"，字号为"20"，效果如图 5-58 所示。

	员工信息表										
姓名	性别	身份证号		出生年月	年龄	手机号码	邮箱	籍贯	学历	入职时间	工龄	职称
钱大		123456198012211000				13011234567	11@qq.com	北京	本科	2007		助理工程师
孙二		123456197501251010				13012234567	12@qq.com	河北	研究生	2006		工程师
张三		123456199002148120				13113234567	13@qq.com	山东	本科	2016		技术员
李四		123456199503278211				13114234567	14@qq.com	辽宁	本科	2020		技术员
王五		123456198704077231				13215234567	15@qq.com	河北	研究生	2014		工程师
赵六		123456198306226000				13216234567	16@qq.com	河南	研究生	2011		工程师
周七		123456197408046031				15217234567	17@qq.com	河北	研究生	2003		高级工程师
吴八		123456199305092145				15218234567	18@qq.com	北京	本科	2017		助理工程师
郑九		123456199007082361				13719234567	19@qq.com	河北	本科	2015		助理工程师
冯十		123456198901262000				18020234567	20@qq.com	河南	专科	2014		技术员

图 5-58　设置"员工信息表"格式

（5）选取 A2 ~ L12 区域，单击"开始"功能区"字体"组中的"边框"下拉按钮，在下拉列表中选择"所有框线"，如图 5-59 所示。

（6）选中 A2 ~ L2 区域，单击"开始"功能区"字体"组中的"填充颜色"按钮，在下拉列表中选择"金色，个性色 4，淡色 40%"，如图 5-60 所示。为表头选择字体为"华文中宋"，字号为"14"。

（7）选中 A2 ~ L12 区域，单击鼠标右键，在弹出的快捷菜单中选择"设置单元格格式"命令，在弹出的"设置单元格格式"对话框中切换到"对齐"选项卡，设置"水平对齐"为"居中"，如图 5-61 所示。单击"确定"按钮。

（8）双击工作表切换区的"Sheet1"，为其重命名为"员工信息表"，在其上单击鼠标右键，在弹出的快捷菜单中选择"工作表标签颜色"→"红色"，如图 5-62 所示。

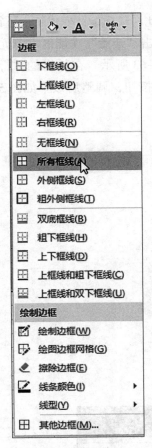

图 5-59　边框

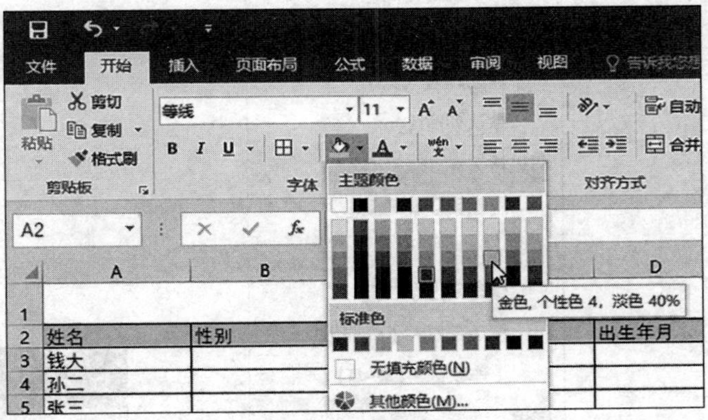

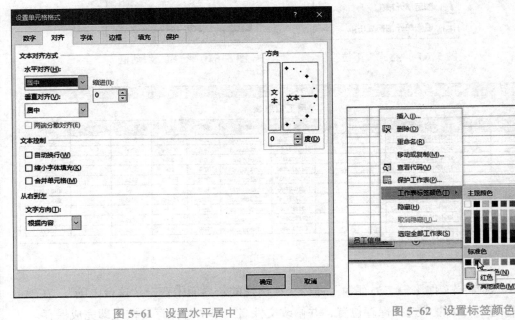

图 5-60　填充颜色

图 5-61　设置水平居中

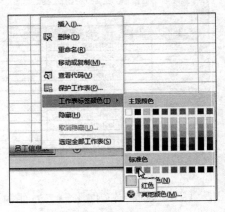

图 5-62　设置标签颜色

（9）移动鼠标指针到要调整列宽的列号右侧边框线处，此时鼠标指针变成带上下箭头的十字形状，拖动到合适的宽度。选中 A3 ～ L12 区域，单击"开始"功能区"单元格"组中的"格式"按钮，在下拉列表中选择"行高"，如图 5-63 所示。在弹出的"行高"对话框中设置行高为"20"，如图 5-64 所示。单击"确定"按钮，调整后效果如图 5-65 所示。

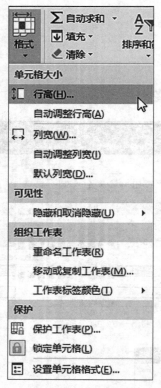

图 5-63 "格式"下拉按钮

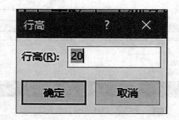

图 5-64 "行高"对话框

	姓名	性别	身份证号	出生年月	年龄	手机号码	邮箱	籍贯	学历	入职时间	工龄	职称
							员工信息表					
3	钱大		123456198012211000			13011234567	11@qq.com	北京	本科	2007		工程师
4	孙二		123456197501251010			13012234567	12@qq.com	河北	研究生	2006		工程师
5	张三		123456199002148120			13113234567	13@qq.com	山东	本科	2016		技术员
6	李四		123456199503278211			13114234567	14@qq.com	辽宁	本科	2020		技术员
7	王五		123456198704077231			13215234567	15@qq.com	河北	研究生	2014		技术员
8	赵六		123456198306226000			13216234567	16@qq.com	河南	研究生	2011		助理工程师
9	周七		123456197408046031			15217234567	17@qq.com	河北	研究生	2003		高级工程师
10	吴八		123456199305092145			15218234567	18@qq.com	北京	本科	2017		技术员
11	郑九		123456199007082361			13719234567	19@qq.com	河北	本科	2015		技术员
12	冯十		123456198901262000			18020234567	20@qq.com	河南	专科	2014		技术员

图 5-65 调整效果

（10）选择"文件"→"另存为"命令，在出现的新界面中双击"这台电脑"，在弹出的"另存为"对话框中选择保存位置，并修改文件名，单击"保存"按钮即完成保存。

二、对员工信息表进行数据分析

1. 操作要求

（1）利用身份证号码来判断性别，并利用函数将判断的结果填入"性别"列。

（2）利用身份证号码和函数来填写出生年月列。

（3）利用身份证号码和函数来填写年龄列。

（4）利用函数计算工龄。

2. 操作步骤

（1）18位身份证号的第17位是判断性别的数字，奇数代表男性，偶数代表女性。首先，可以用MID函数将第17位数字提取出来，MID公式：= MID（C3，17，1）。然后利用MOD函数取第17位数字除以2的余数，如果余数是0，则第17位是偶数，也就是该身份证主人是女性；反之，如果余数是1则说明身份证主人是男性。最后嵌套IF函数：= IF（MOD（MID（C3，17，1），2），"男"，"女"）。在B3单元格输入此公式，按Enter键确认，即在B3单元格显示"女"。选中B3单元格，鼠标移到B3单元格右下角，当变成十字后向下拖动到B12单元格，即自动填充完公式并计算结果，如图5-66所示。

姓名	性别	身份证号
钱大	女	123456198012211000
孙二	男	123456197501251010
张三	女	123456199002148120
李四	男	123456199503278211
王五	男	123456198704077231
赵六	女	123456198306226000
周七	男	123456197408046031
吴八	女	123456199305092145
郑九	女	123456199007082361
冯十	女	123456198901262000

图 5-66　判断性别

（2）在D3单元格输入"= TEXT（MID（C3，7，6），"0000年00月"）"，并同样下拉填充D列公式，结果如图5-67所示。

（3）在E3单元格输入"= YEAR（NOW（ ））–MID（A2，7，4）"，并同样下拉填充E列公式，结果如图5-67所示。

（4）在K3单元格输入"= YEAR（NOW（ ））–J3"，并同样下拉填充K列公式，结果如图5-68所示。

姓名	性别	身份证号	出生年月	年龄
钱大	女	123456198012211000	1980年12月	42
孙二	男	123456197501251010	1975年01月	47
张三	女	123456199002148120	1990年02月	32
李四	男	123456199503278211	1995年03月	27
王五	男	123456198704077231	1987年04月	35
赵六	女	123456198306226000	1983年06月	39
周七	男	123456197408046031	1974年08月	48
吴八	女	123456199305092145	1993年05月	29
郑九	女	123456199007082361	1990年07月	32
冯十	女	123456198901262000	1989年01月	33

图 5-67 完成"出生年月"和"年龄"列

入职时间	工龄
2007	15
2006	16
2016	6
2020	2
2014	8
2011	11
2003	19
2017	5
2015	7
2014	8

图 5-68 计算工龄

三、对员工信息表进行数据管理

1. 操作要求

（1）利用上述完成的员工信息表，对身份证号列的数据加入数据验证，要求当数据不是 18 位时，会弹出错误提示，如图 5-69 所示。

（2）利用函数 COUNTIFS 计算男、女分别在各年龄段的人数，并生成柱状图。

（3）统计各学历所占的比例。

（4）利用数据透视表，分别列出各职称的姓名。

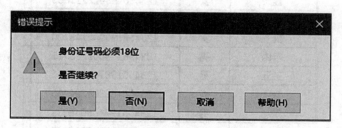

图 5-69 错误提示

2. 操作步骤

（1）选取身份证号列数据，单击"数据"功能区"数据工具"组中的"数据验证"按钮，在弹出的"数据验证"对话框中进行设置，如图 5-70 所示，验证长度设置为 18 位。再单击"出错警告"标签，进行提示内容的设置，如图 5-71 所示。单击"确定"按钮，即完成数据验证的设置。

（2）新建一个工作表" Sheet2"，创建一个表格，如图 5-72 所示。在 B2 单元格输入 "= COUNTIFS（Sheet1！ B3：B12，B1，Sheet1!E3：E12，"<30"）"，计算 30 岁以下的男性人数。在 B3 单元格输入"= COUNTIFS（Sheet1!B3：B12，B1，Sheet1!E3：E12，"<40"）−COUNTIFS（Sheet1!B3：B12，B1，Sheet1!E3：E12，"<30"）"，计算 30 ～ 39 岁

的男性人数。同样完成其他单元格的输入，结果如图 5-73 所示。

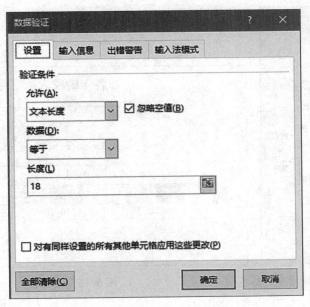

图 5-70　"数据验证"对话框

图 5-71　出错警告

	A	B	C
1	年龄	男	女
2	30岁以下		
3	30-39岁		
4	40-49岁		
5			

图 5-72　创建表格

	A	B	C
1	年龄	男	女
2	30岁以下	1	1
3	30-39岁	1	4
4	40-49岁	2	1
5			

图 5-73　计算结果

（3）选取 A3：C4，单击"插入"功能区"图表"组中的"推荐的图表"按钮，选择默认的"簇状柱形图"。单击生成的柱形图中的"图表标题"，将其改为"各年龄段人数"。单击纵坐标轴，在右侧的"设置坐标轴格式"栏单击"坐标轴选项"，设置"边界"中的"最大值"为"5"，"单位"中"主要"为"1.0"，如图 5-74 所示。单击图表右上角

大学生信息技术

的"+"号，勾选"数据标签"和"数据表"，结果如图 5-75 所示。

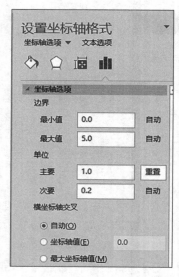

图 5-74 设置坐标轴选项

各年龄段人数

图 5-75 图表效果

（4）新建一个工作表"Sheet3"，创建图 5-76 所示的表格。在 B2 单元格输入"=COUNTIF（Sheet1！I3：I12，A2）"，计算"Sheet1"工作表中 I3：I12 中专科学历的人数。同样完成 B3、B4 单元格的计算。选取 A1：B4，单击"插入"功能区"图表"组中的"推荐的图表"按钮，选择"饼图"，如图 5-77 所示。单击图表右上角的"+"号，勾选"数据标签"，并在其下级菜单中选择"数据标注"，如图 5-78 所示。修改图表标题为"各学历所占比例"，完成效果如图 5-79 所示。

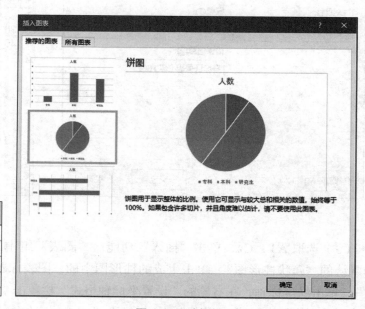

	A	B
1	学历	人数
2	专科	
3	本科	
4	研究生	

图 5-76 统计学历人数

图 5-77 选择饼图

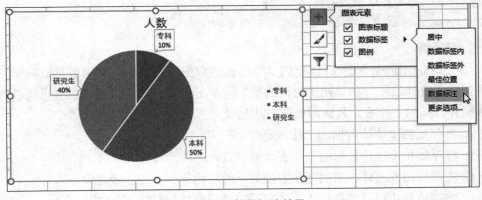

图 5-78 数据标注效果

（5）选取 Sheet1 工作表 A2：L12，单击"插入"功能区"表格"组中的"数据透视表"按钮，在弹出的"创建数据透视表"对话框中直接单击"确定"按钮，即在新工作表中创建了一个数据透视表。在右侧"数据表透视字段"中勾选"职称"和"姓名"，结果如图 5-80 所示。

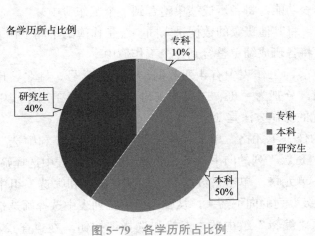

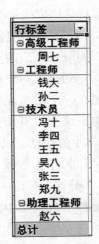

图 5-79 各学历所占比例　　　　图 5-80 显示各职称姓名

❯ 项目小结

本项目详细地介绍了 Excel 工作簿、工作表的基本操作，工作表的编辑与打印，以及利用公式和函数对数据表中的数据进行计算、统计，对表中的数据进行排序、筛选、分类汇总和合并计算，利用透视表和图表对数据进行简单的分析，使读者对 Excel 2016 软件有一个全面的了解，从而提高计算机应用的水平。

▶ 课后练习

一、选择题

1. 小王要将一份通过 Excel 整理的"年终销量数据统计表"送交销售总监审阅，这份统计表包含"统计结果"和"初步统计数据"两个工作表。他希望销售总监无法看到其存放初步统计数据的工作表，最优的操作方法是（   ）。

　　A. 将存放初步统计数据的工作表删除

　　B. 将存放初步统计数据的工作表移动到其他工作簿保存

　　C. 将存放初步统计数据的工作表隐藏，然后设置保护工作表隐藏

　　D. 将存放初步统计数据的工作表隐藏，然后设置保护工作簿结构

2. 以下错误的 Excel 公式形式是（   ）。

　　A. =SUM（B3：E3）*\$F\$3　　　　　　　B. =A3＋B3＋C3＋D3

　　C. =（A4－B4）*\$B\$4　　　　　　　　D. =A4*\$F\$3－3E

3. 全年级各班的成绩单分别保存在独立的 Excel 工作簿文件中，老师需要将这些成绩单合并到一个工作簿文件中进行管理，最优的操作方法是（   ）。

　　A 将各班成绩单中的数据分别通过复制、粘贴的命令整合到一个工作簿中

　　B. 通过移动或复制工作表功能，将各班成绩单整合到一个工作簿中

　　C. 打开一个班的成绩单，将其他班级的数据录入同一个工作簿的不同工作表中

　　D. 通过插入对象功能，将各班成绩单整合到一个工作簿中

4. 现有一个学生成绩工作表，工作表中有 4 列数据，分别为学号、姓名、班级、成绩，其中班级列中有 3 种取值，分别为一班、二班和三班，如果需要在工作表中筛选出"三班"学生的信息，以下最优的操作方法是（   ）。

　　A. 鼠标单击数据表外的任一单元格，单击"数据"功能区"排序和筛选"组中的"筛选"按钮，单击"班级"列的向下箭头，从弹出的下拉列表中选择筛选选项

　　B. 单击数据表中的任一单元格，单击"数据"功能区"排序和筛选"组中的"筛选"按钮，单击"班级"列的向下箭头，从弹出的下拉列表中选择筛选选项

　　C. 单击"开始"功能区"编辑"组中的"查找和选择"按钮，在"查找和替换"对话框的"查找内容"文本框输入"三班"，单击"关闭"按钮

　　D. 单击"开始"功能区"编辑"组中的"查找和选择"按钮，在"查找和替换"对话框的"查找内容"文本框输入"三班"，单击"查找下一个"按钮

5. 小李正在 Excel 中编辑一个包含上千人的工资表，他希望在编辑过程中总能看到表明每列数据性质的标题行，最优的操作方法是（   ）。

　　A. 通过 Excel 的拆分窗口功能，使得上方窗口显示标题行，同时在下方窗口中编辑内容

　　B. 通过 Excel 的冻结窗格功能将标题行固定

　　C. 通过 Excel 的新建窗口功能，创建一个新窗口，并将两个窗口水平并排显示，其中上方窗口显示标题行

　　D. 通过 Excel 的打印标题功能设置标题行重复出现

二、实操题

1. 建立"六月工资表"（表 5-3），完成如下操作。

表 5-3　六月工资表
元

姓名	部门	基本工资	津贴	奖金	扣款	实发工资
钱大	部门 A	4 960	3 030	4 200	1 020	11 170
孙二	部门 B	6 860	3 230	6 600	1 120	15 570
张三	部门 C	5 350	3 130	5 800	1 080	13 200
李四	部门 D	5 760	3 180	6 260	1 100	14 100

（1）对内容进行分类汇总，分类字段为"部门"，汇总方式为"求和"，汇总项为"实发工资"，汇总结果显示在数据下方。

（2）筛选出"实发工资"高于 14 000 元的职工名单。

2. 自拟一份本班同学的各科期末成绩单（至少包括三科），然后进行统计分析：

（1）计算各科的平均分、每个学生的总分，按成绩由高到低的顺序统计每个学生的总分排名、并以 1、2、3、…形式标识名次，最后将所有成绩的数字格式设为数值、保留 2 位小数。

（2）在工作表中分别用红色和加粗格式标出各科第一名成绩。

（3）统计各科不及格的同学。

（4）统计各科优秀、良好、及格、不及格人数的比例。

项目六
演示文稿基础与应用
（PowerPoint 2016）

学习目标

了解 PowerPoint 2016 的基本功能和界面；掌握创建演示文稿、制作幻灯片、设置幻灯片交互效果、放映幻灯片和输出演示文稿的方法。

能力目标

能熟练应用 PowerPoint 2016 的各种操作技巧进行演示文稿的制作，并能在不同场合下应用不同方式进行放映。

素养目标

具有认识自身发展的重要性以及确立自身继续发展目标的能力。

项目导读

PowerPoint 2016 是制作公司简介、会议报告、产品说明、培训计划和教学课件等演示文稿的首选软件，深受广大用户的青睐。一份完整的演示文稿通常由一组关联的幻灯片组成，即演示文稿是一个".pptx"文件，而幻灯片是演示文稿中的一个页面。在制作幻灯片时，应用主题、背景、幻灯片母版，可以使制作更加便捷。PowerPoint 2016 提供了幻灯片与用户之间的交互功能，用户可以为幻灯片的各种对象设置放映时的动画效果，还可以为每张幻灯片设置放映时的切换效果，甚至可以规划动画路径。PowerPoint 2016 可以根据用户或观众的需求，以多种方式放映幻灯片。如可将演示文稿保存为每次打开时自动放映的类型；或从 PowerPoint 启动幻灯片放映。在展台或摊位上，通常使用自动运行的演示文稿，循环重复放映。本项目将系统介绍 PowerPoint 2016 的操作方法。

任务一　走进 PowerPoint 2016

一、PowerPoint 2016 的基本功能

PowerPoint 2016 是微软推出的制作演示文稿的专用工具。利用 PowerPoint 2016 可以创建、查看和演示组合了文本、形状、图片、图形、动画、图表、视频等各种内容的幻灯片放映。演示文稿的主要用途是辅助演讲，它是进行学术交流、产品展示、阐述计划、实施方案的重要工具，能够形象直观并极富感染力地表达出演讲者所要表述的内容。

PowerPoint 2016 具有强大的展示功能，为了满足用户对图形展示工作的需要，PowerPoint 2016 提供了许多功能强大的文字排版、图形创作及图片展示工具，尤其在计算机多媒体展示方面做了大量的改进。在幻灯片展示中，幻灯片中的每一个对象都可以为其规定动作，使对象在放映时运动起来，也可以为动作配上声音，同时还可以嵌入动画和影片等。

二、启动 PowerPoint 2016

启动 PowerPoint 2016 通常采用以下几种方法：

（1）在"开始"菜单中选择"PowerPoint 2016"命令。

（2）双击桌面上的 PowerPoint 2016 图标 。

（3）双击某个"演示文稿"文件（扩展名为 pptx）。

◄)) 小提示

ppt 和 pptx 都是 PowerPoint 文件的扩展名，ppt 是老版本 PowerPoint 的文件格式，而 pptx 是 PowerPoint 2007 以上版本的文件格式。相较于 ppt 文件格式，pptx 格式可以兼容更多的图形、渐变及动态效果等。

三、认识 PowerPoint 2016 界面

启动 PowerPoint 2016 后，可以在出现的模板中选择"空白演示文稿"，如图 6-1 所示，创建文件名为"演示文稿 1"的演示文稿。PowerPoint 2016 界面包括标题栏、快速访问工

具栏、"文件"选项卡、功能区、标尺、工作区、滚动条、状态栏等部分,与 Word 2016 类似,如图 6-2 所示。

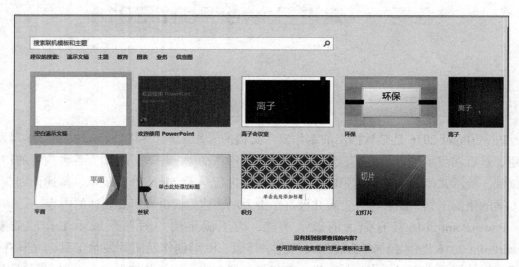

图 6-1　演示文稿模板

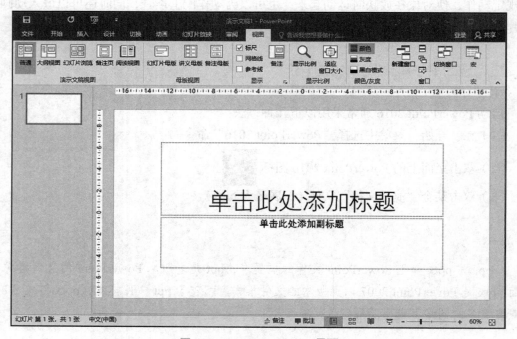

图 6-2　PowerPoint 2016 界面

四、创建新演示文稿

创建新演示文稿除可以在启动软件时从模板中选择样式外,还可以选择"文件"→

"新建"命令，在窗口中选择模板，或者在搜索栏搜索联机模板和主题，即可创建演示文稿，如图 6-3 所示。

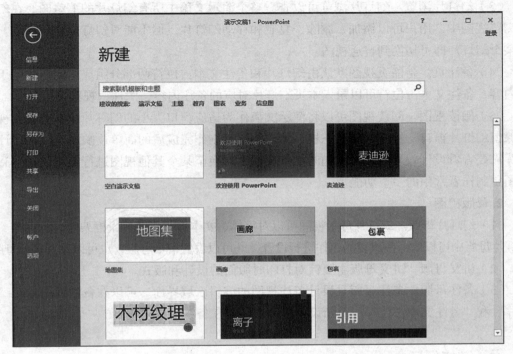

图 6-3　新建演示文稿

五、查看演示文稿的视图方式

PowerPoint 2016 版的视图有两个主要视图模块：演示文稿视图和母版视图。其中，演示文稿视图包括普通、大纲视图、幻灯片浏览、备注页、阅读视图五种常用视图；母版视图包括幻灯片母版、讲义母版、备注母版三种母版视图，如图 6-4 所示。

图 6-4　演示文稿视图方式

1. 演示文稿视图

（1）普通。普通视图是默认的视图方式，有大纲窗格区、幻灯片编辑区和备注窗格区。在这三个区域可调整其窗格的大小。

（2）大纲视图。大纲视图可以通过设置幻灯片大纲轻松完成演示文稿的制作，在此

可以看到每一张幻灯片的标题，类似 Word 中的导航视图，可以根据文字查看幻灯片的内容。

（3）幻灯片浏览。幻灯片浏览可以查看整个演示文稿中所有幻灯片的缩略图。在幻灯片浏览视图中，用户可以添加、删除、复制和移动幻灯片，但不能对幻灯片进行修改。双击某个幻灯片即可切换到普通视图。

（4）备注页。备注页视图默认由幻灯片和备注文本占位符两部分组成，幻灯片用于呈现内容，备注文本占位符可以录入本页幻灯片对应的备注内容、图片、视频等信息。

（5）阅读视图。阅读视图可以将演示文稿作为适应窗口大小的幻灯片放映查看，视图只保留幻灯片窗口、标题栏和状态栏，用于幻灯片制作完成后的简单放映浏览。在设计幻灯片需要查看设计效果时，可以随时从阅读视图切换至某个其他视图进行编辑优化。阅读视图是制作者常用的一个功能。

2. 母版视图

（1）幻灯片母版。幻灯片母版视图可以对字体、文本占位符、背景框架等进行设置。在幻灯片母版中可以对一些重复的工作进行设置，既可以设置一个母版，也可以设置多个母版。

（2）讲义母版。讲义母版主要针对打印时版面的设计和版式。

（3）备注母版。备注母版是设计备注视图的编辑区域界面，可以在备注视图中对"幻灯片"和"备注文本占位符"重新设计，完成后可在备注视图中查看。

六、制作幻灯片

（一）应用主题、背景、幻灯片母版

1. 应用主题

主题是一种包含背景、字体选择、对象效果的组合。PowerPoint 提供了大量的内置主题，用户可直接在主题库中选择使用，也可通过自定义方式修改主题的颜色、字体和背景，形成自定义主题。

打开演示文稿，在"设计"功能区的"主题"组显示了部分主题列表，将鼠标光标移动到某个主题上，会在工作区显示该主题的样式，便于用户进行主题选择，如图 6-5 所示。单击主题列表右下角的"其他"按钮，可以显示全部内置主题，如图 6-6 所示。在图 6-6 所示界面选择"浏览主题"命令，可选择外部主题。

若只设置部分幻灯片主题，可选择欲设置主题的幻灯片，在某主题上单击鼠标右键，在快捷菜单中选择"应用于选定幻灯片"命令，则所选幻灯片按该主题效果更新，其他幻灯片不变。

对已应用主题的幻灯片，也可以更改主题颜色、主题字体和主题效果，自定义主题设计，具体可通过"设计"功能区"主题"组中的"颜色""字体""效果"按钮进行相应设置。

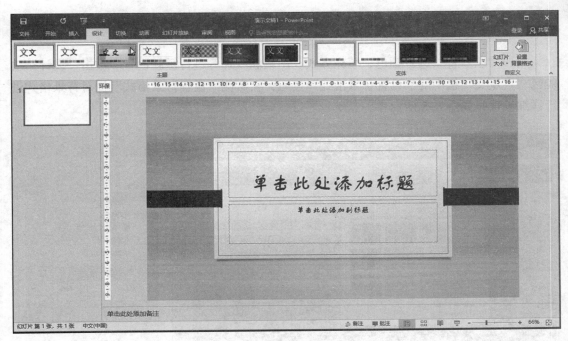

图 6-5 主题

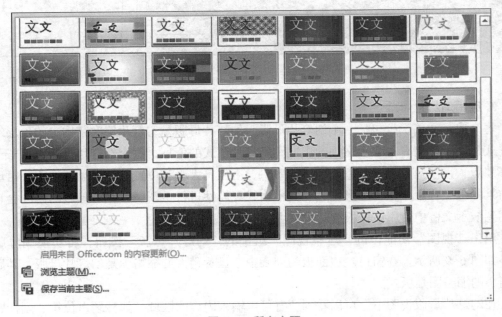

图 6-6 所有主题

2. 应用背景设置

幻灯片的主题背景通常是预设的背景格式，与内置主题一起供用户使用，用户也可以对主题的背景样式重新设置，创建符合演示文稿内容要求的背景填充样式。PowerPoint 为每个主题提供了 12 种背景样式，在"设计"功能区的"变体"组单击右下角"其

他"按钮，在其中选择"背景样式"命令，会列出 12 种适用于本主题的背景，如图 6-7 所示。

用户可以对背景进行颜色、填充方式、图案和纹理等进行重新设置。单击"设计"功能区"自定义"组中的"设置背景格式"按钮，在右侧"设置背景格式"栏对背景格式进行详细设置，如图 6-8 所示。

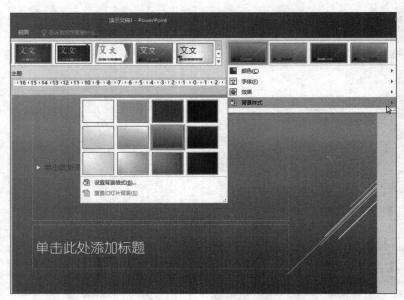

图 6-7　背景样式

图 6-8　设置背景格式

3. 应用幻灯片母版

每个演示文稿至少包括一个幻灯片母版，幻灯片母版是幻灯片层次结构中的顶层幻灯片样式，用于存储有关演示文稿的主题和幻灯片版式的信息；每个幻灯片母版包括若干个幻灯片版式，涉及背景、颜色、字体、效果、占位符大小和位置等。可以根据需要对母版的前景颜色、背景颜色、图形格式和文本格式等属性进行重新设置，对母版的修改会直接作用到演示文稿中使用该模板的幻灯片上。

单击"视图"功能区的"母版视图"组中的"幻灯片母版"按钮，将切换到母版视图，如图 6-9 所示。在窗口左边面板的列表中，显示稍大的缩略图是幻灯片母版，其后几个稍小的缩略图是版式。

在幻灯片母版视图下，可以看到所有可以输入内容的区域，如标题占位符、副标题占位符及母版下方的页脚占位符。这些占位符的位置及属性决定了应用该母版的幻灯片的外观属性，当改变了这些占位符的位置、大小及外观属性后，所有应用该母版的幻灯片的属性也将随之发生改变。通常可以使用幻灯片母版进行如下操作：

（1）设置字体或项目符号。

（2）插入要显示在多个幻灯片上的艺术图片。

（3）更改占位符的位置、大小和格式。

（4）设置统一的背景样式。

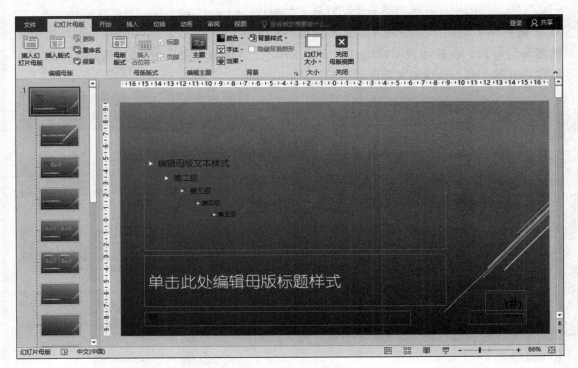

图 6-9　幻灯片母版

◀)) 小提示

　　占位符是幻灯片中带有虚线或阴影线边缘的框，框内可以放置标题及正文，或图表、表格和图片等对象。

单击"关闭母版视图"按钮即可退出母版视图。

（二）添加幻灯片

单击"开始"功能区"幻灯片"组中的"新建幻灯片"按钮，即可添加一张幻灯片。单击"新建幻灯片"下拉按钮，可以在其下拉列表中选择需要的版式，如图 6-10 所示。

（三）选定幻灯片

1. 选定单张幻灯片

在普通视图或幻灯片浏览视图中，单击相应的幻灯片即可选定单张幻灯片。

2. 选定多张幻灯片

若要选定相邻的多张幻灯片，在普通视图或幻灯片浏览视图中，先选中第一张幻灯片，然后按 Shift 键并单击最后一张幻灯片。若要选定不相邻的多张幻灯片，在普通视图或幻灯片浏览视图中，按住 Ctrl 键不放，依次单击要选择的幻灯片。

（四）移动、复制幻灯片

移动幻灯片的具体操作：在普通视图或幻灯片浏览视图中，选定要移动的幻灯片，将鼠标指针指向所选定的幻灯片，按住鼠标左键进行拖动，窗口中会出现一条示意"插入点"线，在目标位置处松开鼠标左键，幻灯片即被移动到目标位置。

若要复制幻灯片，则按住 Ctrl 键进行拖动即可。

（五）删除幻灯片

选定要删除的幻灯片，按 Delete 键直接删除，或者单击鼠标右键，在快捷菜单中选择"删除幻灯片"命令。

七、编辑演示文稿

1. 输入和编辑本文对象

文本对象是幻灯片的基本要素，也是演示文稿中最重要的组成部分，将文本输入到适当的位置可以使幻灯片更清楚地说明问题。

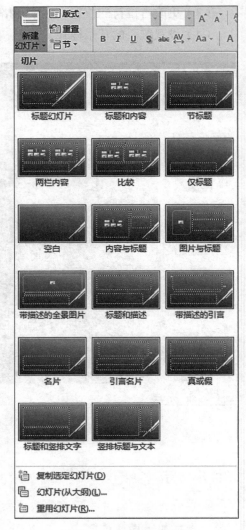

图 6-10　新建幻灯片

在显示"单击此处添加标题""单击此处添加文本"之类的占位符内单击，出现闪烁的插入点即可输入文本。

若要在"占位符"之外添加文本，可以使用"文本框"来输入和编辑文本。单击"插入"功能区"文本"组中的"文本框"按钮，在幻灯片上添加文本的位置拖动出一个矩形框，即可在文本框中输入文本。

Powerpoint 2016 中文本框内文字的编辑方法与 Word 2016 基本相同，在此不再赘述。

2. 插入图片和艺术字

（1）插入图片。单击"插入"功能区"图像"组中的"图片"按钮，在弹出的"插入图片"对话框中选取图片，单击"插入"按钮，即将此图片插入当前幻灯片，也可通过拖动改变图片的大小和位置。

（2）插入艺术字。单击"插入"功能区"文本"组中的"艺术字"按钮，在下拉列表中选择一种样式，然后在幻灯片工作区输入艺术字内容，则所输入的文字就按所选择的艺术字样式出现在当前幻灯片上，也可通过拖动改变艺术字的大小和位置。

3. 插入形状

利用"插入"功能区"插图"组中的"形状"按钮可插入形状，包括"线条""连接符""箭头总汇""流程图""星与旗帜""标注""动作按钮"等，具体操作与 Word 2016 类似，在此不再赘述。

4. 插入图表和表格

（1）插入图表。单击"插入"功能区"插图"组中的"图表"按钮，弹出"插入图表"对话框，如图 6-11 所示。在对话框中选择需要的图表，单击"确定"按钮，会弹出一个带有数据（里面的数据是示例）的 Excel 工作簿窗口，并在当前幻灯片中插入了一个图表，如图 6-12 所示。

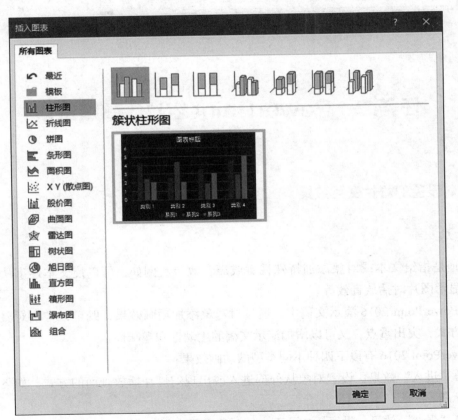

图 6-11 "插入图表"对话框

用户在 Excel 工作簿窗口中输入自己需要的数据，即可在幻灯片上得到相应的图表。

（2）插入表格。利用"插入"功能区"表格"组中的"表格"按钮，可以像 Word 2016 一样插入表格。

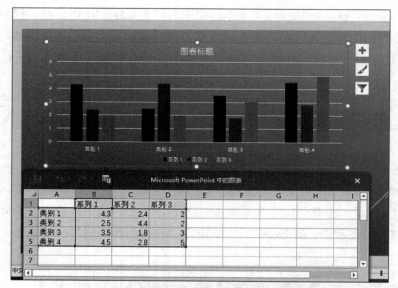

知识拓展：PPT
常用快捷键

图 6-12　插入图表

任务二　PowerPoint 2016 高级进阶

一、设置幻灯片交互效果

（一）动画

动画是指给文本或对象添加特殊视觉或声音效果。例如，可以使文本逐字从左侧飞入、在显示图片时播放音效等。

在 PowerPoint 2016 演示文稿中，通过对对象添加动画效果，既可以控制对象的出现顺序和方式，突出重点，又可以增加演示文稿的生动性和趣味性。

PowerPoint 2016 有以下四种不同类型的动画效果：

（1）"进入"效果：设置对象从外部进入或出现幻灯片播放画面的方式，如飞入、旋转、淡入等。

（2）"强调"效果：设置播放画面中的对象需要进行突出显示的方式，如放大/缩小、更改颜色、沿着中心旋转等。

（3）"退出"效果：设置播放画面中的对象离开播放画面时的方式，如飞出、消失、淡出等。

（4）"动作路径"：动作路径是指定对象或文本沿行的路径，是幻灯片动画序列的一部分。使用这些效果可以使对象上下移动、左右移动，或者沿着星形或圆形图案移动。

1. 为对象预设动画

（1）选中要设置动画的幻灯片中的对象，在"动画"功能区"动画"组中直接选择动画样式；也可单击动画列表框右下角的"其他"按钮，在出现的四类动画下拉列表中选择动画样式。

（2）如果在四类动画下拉列表中没有满意的动画设置，可以在图 6-13 所示的界面选择"更多进入效果""更多强调效果""更多退出效果""其他动作路径"命令，获取更多动画效果。

2. 设置动画效果

（1）动画设置效果。选中幻灯片中的对象，并在"动画"功能区"动画"组中选择一个动画，单击"效果选项"按钮，可在下拉列表中选择动画效果，如图 6-14 所示，"效果选项"下拉列表中列出了"飞入"的效果。

（2）设置动画播放时间和速度。

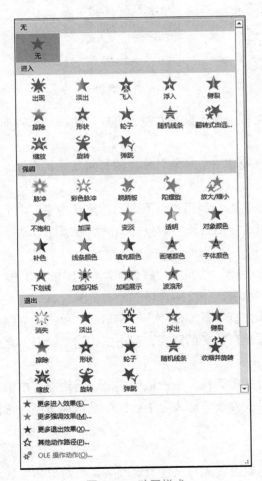

图 6-13　动画样式

图 6-14　效果选项

1）单击"动画"功能区"计时"组中"开始"文本框后的下拉按钮，如图6-15所示，可在下拉列表中选择"单击时""与上一动画同时""上一动画之后"命令，对动画设置开始计时的方式。

2）在"计时"组的"持续时间"文本框中输入时间值，可以设置动画放映过程的时间，时间越长，放映速度越慢。

3）在"计时"组的"延迟"文本框中输入时间值，可以设置动画放映时的延迟时间。

3. 使用动画窗格

当对幻灯片中的多个对象设置动画后，可以按设置时的顺序播放，也可以调整动画的播放顺序。

（1）选中设置了多个对象动画的幻灯片，单击"动画"功能区"高级动画"组中的"动画窗格"按钮，如图6-16所示，在窗口右侧出现"动画窗格"，列出了当前幻灯片中设置动画的对象名称和对应的动画顺序。

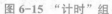

图6-15 "计时"组　　　　图6-16 "高级动画"组

（2）在"动画窗格"中某一对象名称上单击鼠标右键，可通过快捷菜单对动画方式进行修改。

（3）在"动画窗格"中，使用鼠标拖动每个对象名称后的时间条及其边框，可改变动画放映的时间及长度。

（4）选择"动画窗格"中的某对象名称，利用窗格下方的"重新排序"中上移和下移按钮，或拖动窗口中的对象名称，可以改变幻灯片中对象的动画播放顺序。

4. 自定义路径动画

（1）选择幻灯片中的对象，单击"动画"功能区"高级动画"组中的"添加动画"按钮，在下拉列表中选择"自定义路径"命令。

（2）将鼠标指针移至幻灯片上，当鼠标指针变成"十"字形时，单击建立路径的起始点，移动鼠标在合适位置继续单击，画出自定义的路径，双击鼠标结束绘制，之后动画会按路径预览一次。

（3）若要对动画路径进行编辑，可选中路径，单击鼠标右键，在快捷菜单中选择"编辑顶点"命令，拖动编辑顶点进行路径的修改。修改完毕后，单击鼠标右键，选择"退出节点编辑"命令。

5. 复制动画设置

利用"动画刷"按钮，可以将某对象设置成与已设置动画效果的对象相同的动画。选择幻灯片上设置好动画的某对象，单击"动画"功能区"高级动画"组中的"动画刷"按钮，如图 6-23 所示，可以复制该对象的动画，再单击另一对象，动画设置就复制到该对象上。双击"动画刷"按钮，可将同一动画设置复制到多个对象上。

（二）幻灯片切换

幻灯片之间的出现和退出衔接称为幻灯片切换。当放映一个演示文稿时，可首先设置幻灯片切换的动画效果。

（1）选择要设置幻灯片切换效果的一张或多张幻灯片，在"切换"功能区"切换到此幻灯片"组中选取切换方式；若没有合适的切换方式，可单击切换列表框右下角的"其他"按钮，在下拉列表中进行选择，如图 6-17 所示。

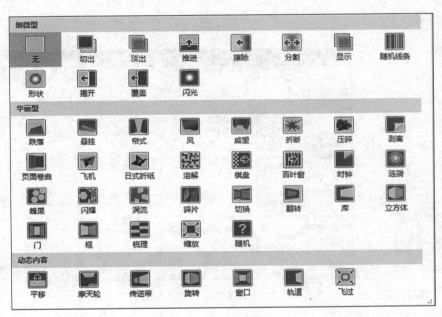

图 6-17　切换方式

（2）若对默认切换方式不满意，可以修改其切换属性，包括效果选项、换片方式、持续时间和声音效果。

单击"切换"功能区"切换到此幻灯片"组中的"效果选项"按钮，在下拉列表中可选择切换效果；在"计时"组中可对声音、换片方式、持续时间进行设置，如图 6-18 所示。

（3）单击"切换"功能区"预览"组中的"预览"按钮，如图 6-19 所示，可预览幻灯片所设置的切换效果。

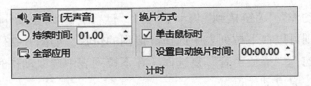

图 6-18　"计时"组　　　　　　　　　　　　　图 6-19　"预览"组

（三）幻灯片超链接

用户可以在演示文稿中插入超链接，通过超链接，在放映幻灯片时，可以从当前幻灯片跳转到其他不同的位置，如跳转到本稿中其他幻灯片处，跳转到某个文件，跳转到某个网站，跳转到电子邮件地址等。

1. 设置超链接

（1）选中要建立超链接的对象，单击"插入"功能区"链接"组中的"超链接"按钮，如图 6-20 所示，或者单击鼠标右键，在快捷菜单中选择"超链接"命令。

（2）在弹出的"插入超链接"对话框中，在左侧有链接到"现有文件或网页""本文档中的位置""新建文档""电子邮件地址"四个选项，如图 6-21 所示，用户可根据需要选择适合的方式。

图 6-20 "链接"组

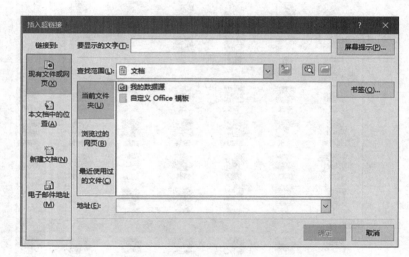

图 6-21 "插入超链接"对话框

（3）如要改变超链接设置，可选择已设置超链接的对象，单击鼠标右键，在快捷菜单中选择"编辑超链接"命令，可以重新设置超链接。如果要取消超链接，可在右键快捷菜单中选择"取消超链接"命令。

2. 设置动作

（1）选中要建立动作的对象，单击"插入"功能区"链接"组中的"动作"按钮，如图 6-20 所示。

（2）弹出"操作设置"对话框，有"单击鼠标"和"鼠标悬停"两种动作触发方式，如图 6-22 所示。

（3）动作可设置为"无动作""超链接到""运行程序""运行宏""对象动作"。如果选择"超链接到"单选按钮，则可以在下拉列表中选择链接到的位置，如图 6-23 所示。

（4）如要设置声音，可勾选"播放声音"复选框，在下拉列表中选取动作时的声音。

（5）单击"确定"按钮，完成动作设置。

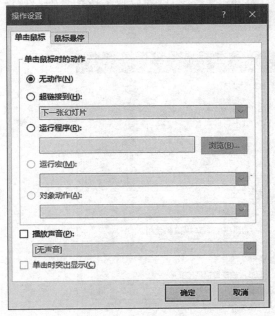

图 6-22　"操作设置"对话框

图 6-23　超链接到

二、幻灯片的放映

1. 放映幻灯片

在 PowerPoint 2016 中放映幻灯片有以下几种方法：

（1）单击"状态栏"中的"幻灯片放映"按钮。

（2）在"幻灯片放映"功能区的"开始放映幻灯片"组中，单击"从头开始"按钮或"从当前幻灯片开始"按钮。

按 F5 键（从头开始放映）或 Shift + F5 组合键（从当前幻灯片开始放映）。

在放映过程中，可以按 Esc 键结束放映；也可以单击鼠标右键，在快捷菜单中选择上一张、下一张、结束放映或其他放映设置。

◀)) 小提示

　　幻灯片在放映时，在屏幕上单击鼠标右键，在弹出的快捷菜单中选择"指针选项"里面的"笔"或"荧光笔"，待光标变成一支笔的形状，就可以在屏幕上随意涂画了；在"屏幕"中选择"黑屏"或"白屏"，可使幻灯片放映屏幕变成黑板或白板。

---

2. 设置放映方式

若不采用默认的放映方式，可以自行进行设置。

（1）单击"幻灯片放映"功能区"设置"组中的"设置幻灯片放映"按钮，弹出"设置放映方式"对话框，如图6-24所示。

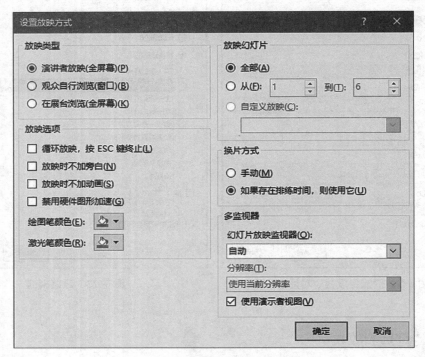

图6-24 "设置放映方式"对话框

（2）在"放映类型"区域，有"演讲者放映（全屏幕）""观众自行浏览（窗口）""在展台浏览（全屏幕）"三种类型。

1）演讲者放映（全屏幕）：全屏幕放映，适合会议或教学场合，放映过程完全由演讲者控制。

2）观众自行浏览（窗口）：展览会上若允许观众交互式控制放映过程，适合采用这种方式。这种放映方式在放映时观众可以利用窗口右下方的左、右箭头，切换到前一张或后一张幻灯片。

单击两箭头之间的"菜单"按钮，在弹出的放映控制菜单中选择"定位至幻灯片"命令，可快速切换到指定的幻灯片。

3）在展台浏览（全屏幕）：采用全屏幕放映，使用展示产品的橱窗和展览会上自动播放产品信息的展台，可手动播放，也可采用事先排练好的演示时间自动循环播放。

（3）在"放映幻灯片"区域，可以设置幻灯片的放映范围。

（4）在"放映选项"区域，可以设置幻灯片放映时是否循环，是否加旁白和动画，以及绘图笔和激光笔的颜色。

（5）在"换片方式"区域，可以选择控制放映速度的换片方式。

（6）设置完成后，单击"确定"按钮。

3. 排练计时

（1）单击"幻灯片"功能区"设置"组中的"排练计时"按钮，此时，幻灯片进行播放，并弹出一个"录制"对话框，如图 6-25 所示，显示当前幻灯片的放映时间和当前的总放映时间。

（2）用户按需求切换幻灯片，"录制"对话框记录每张幻灯片的放映时间和累计总放映时间。放映结束后，弹出是否保存新的幻灯片计时的对话框，如图 6-26 所示，如单击"是"按钮，则在幻灯片浏览视图模式下，在每张幻灯片的左下角显示该张幻灯片放映时间；如幻灯片的放映类型选择"在展台浏览（全屏幕）"，幻灯片将按照排练时间自行播放。

图 6-25 "录制"对话框

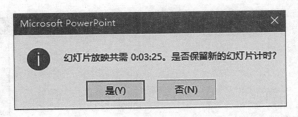

图 6-26 是否保留新的幻灯片计时

（3）在幻灯片浏览视图模式下，选中某张幻灯片，在"切换"功能区"计时"组的"持续时间"编辑框中，可以修改该张幻灯片的放映时间。

4. 幻灯片录制

录制幻灯片有"从头开始录制"和"从当前幻灯片开始录制"两种形式，如图 6-27 所示。幻灯片录制能为每一页幻灯片增加对应的旁白、动画计时、墨迹、激光笔等信息，如图 6-28 所示。当幻灯片进行放映状态时，对应的旁白、动画计时、墨迹、激光笔等内容就会自动放映。

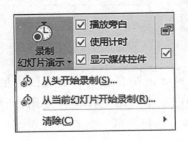

图 6-27 录制幻灯片演示

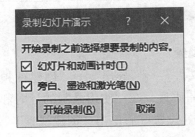

图 6-28 "录制幻灯片演示"对话框

🔊 小提示

"录制幻灯片演示"与"排练计时"是有区别的。"排练计时"主要录制每张幻灯片正常放映所需的时间，而"录制幻灯片演示"是录制操作整个幻灯片的演示，包括每张幻灯片正常放映所需的时间及旁白，还有幻灯片放映时荧光笔的操作等。

三、演示文稿的输出

1. 创建 PDF/XPS 文档

选择"文件"→"导出"→"创建 PDF/XPS 文档"→"创建 PDF/XPS"命令，如图 6-29 所示，可以创建 PDF/XPS 文档。单击"发布为 PDF/XPS"对话框中的"选项"按钮，在弹出的"选项"对话框中可以对需要发布的内容进行设置，如幻灯片的范围、墨迹等，如图 6-30 所示。

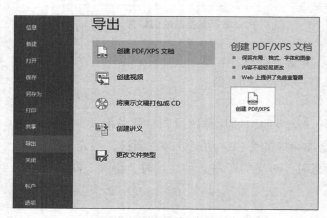

图 6-29　创建 PDF/XPS 文档

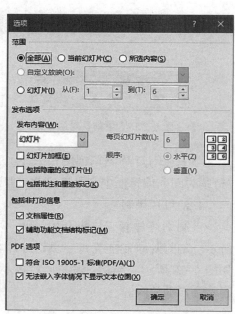

图 6-30　"选项"对话框

2. 创建视频

选择"文件"→"导出"→"创建视频"命令，在右侧"演示文稿质量"中可以选择文件大小和质量，在"使用录制的计时和旁白"中可以选择是否使用计时和旁白，如图 6-31 所示。设置好后单击"创建视频"按钮，在打开的"另存为"对话框中选择保存位置，单击"保存"按钮即可创建视频。

3. 将演示文稿打包成 CD

如果要在另一台计算机上放映演示文稿，可以将演示文稿打包。通过打包可以将演示文稿和所需的外部文件及字体打包到一起，如果要在没有 PowerPoint 的计算机上观看放映，则可以将 PowerPoint 播放器打包进去。打包之后如果又对演示文稿做了修改，则需要再一次运行打包向导。

打包的具体操作如下：

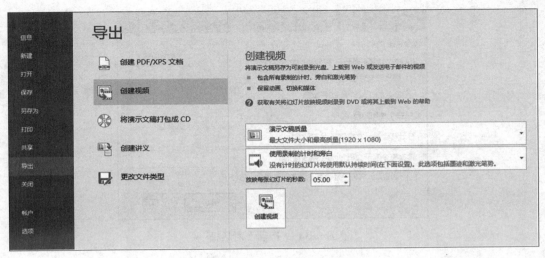

图 6-31　创建视频

（1）选择"文件"→"导出"→"将演示文稿打包成 CD"→"打包成 CD"命令，将弹出"打包成 CD"对话框，如图 6-32 所示。

（2）在"要复制的文件"列表中，显示了当前要打包的演示文稿，若希望将其他演示文稿一起打包，则单击"添加"按钮添加要打包的文件。

（3）单击"复制到文件夹"按钮，打开"复制到文件夹"对话框，设置文件夹名称和位置后，如图 6-33 所示，单击"确定"按钮，即可开始复制到文件夹。

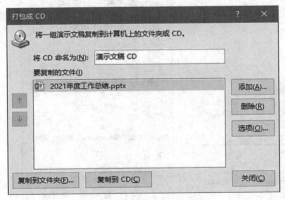

图 6-32　"打包成 CD"对话框

图 6-33　"复制到文件夹"对话框

（4）若单击"复制到 CD"按钮，则直接打包到 CD。

（5）在默认情况下，打包应包含演示文稿相关的"链接文件"和"嵌入的 TrueType 字体"，若想更改这些设置，可在"打包成 CD"对话框中单击"选项"按钮，在弹出的"选项"对话框中进行设置，如图 6-34 所示。还可以在"选项"对话框中设置打开、修改每个演示文稿时所用的密码。

打包之后，在目标文件夹中会出现图 6-35 所示的文件。

图 6-34 "选项"对话框

4. 创建讲义

创建讲义是将幻灯片和备注放入 Microsoft Word 中生成讲义，可以对内容进行编辑和格式设定，如果幻灯片中的内容发生更改，Word 中的幻灯片讲义也会更新内容。选择"文件"→"导出"→"创建讲义"→"创建讲义"命令，弹出"发送到 Microsoft Word"对话框，如图 6-36 所示，可选择使用的版式。

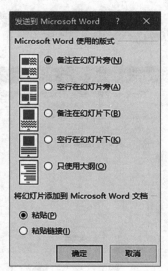

图 6-35 打包文件

图 6-36 "发送到 Microsoft Word"
对话框

◄)) 小提示

如图 6-36 所示，在"将幻灯片添加到 Microsoft Word 文档"区域，如果选择"粘贴"单选按钮将不能更新内容，而选择"粘贴链接"单选按钮则可以更新内容。

四、演示文稿的打印

演示文稿的各张幻灯片制作好后，可以将所有的幻灯片以一页一张的方式进行打印；或者以多张为一页的方式打印；或者只打印备注页；或者以大纲视图的方式打印。

1. 幻灯片大小设置

单击"设计"功能区"自定义"组中的"幻灯片大小"按钮，在下拉列表中选择"自定义幻灯片大小"命令，弹出"幻灯片大小"对话框，如图 6-37 所示。在"幻灯片大小"对话框中可以设置幻灯片大小、幻灯片编号起始值、方向等，设置完毕后，单击"确定"按钮即可。

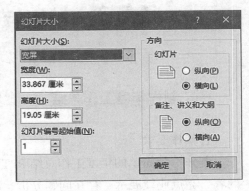

图 6-37 "幻灯片大小"对话框

2. 打印

（1）选择"文件"→"打印"命令，窗口如图 6-38 所示。

（2）单击"打印全部幻灯片"按钮，可以在下拉列表中选择"打印全部幻灯片""打印所选幻灯片""打印当前幻灯片""自定义范围"。

（3）单击"整页幻灯片"按钮，可以在下拉列表中选择"整页幻灯片""备注页""大纲"的打印版式，或是在"讲义"中设置多少张幻灯片打印在一张纸上，如图 6-39 所示。

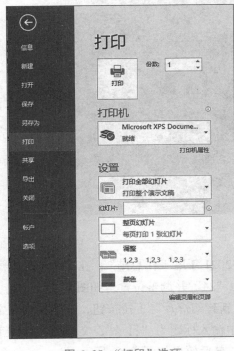

图 6-38 "打印"选项

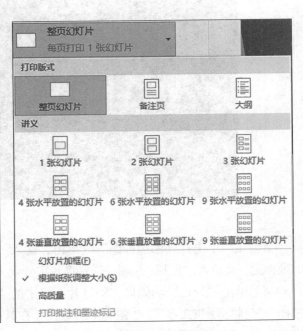

图 6-39 整页幻灯片

（4）单击"颜色"按钮，可在下拉列表中选择"颜色""灰度""纯黑白"。

（5）在窗口右侧可预览打印的情况。满意后指定幻灯片的打印份数，单击"打印"按钮开始打印。

任务三　PowerPoint 2016 实操练习

一、制作年度工作总结

1. 操作要求

制作一份简单的年度工作总结 PPT，包含标题、汇报人、主要工作内容、亮点业绩展示、存在问题分析、未来发展规划等内容。

2. 操作步骤

（1）启动 PowerPoint 2016，创建一个空白演示文稿。

（2）在"设计"功能区"主题"组选择一个主题，并在"变体"下的"背景样式"中选择"样式 11"，如图 6-40 所示。

知识拓展：为什么你总做不好 PPT

图 6-40　选择一个主题

（3）在"单击此处添加标题"处单击，输入"2021 年度工作总结"；在"单击此处添加副标题"处输入"汇报人：张三"，将其字号设为"24"并调整位置，如图 6-41 所示。

（4）单击"开始"功能区"幻灯片"组中的"新建幻灯片"下拉按钮，在下拉列表中选择"竖排标题与文本"，新建一个幻灯片，在其中输入标题为"目录"，文本为"主要工作内容……"，设置字体、字号、字距并调整位置，最后效果如图 6-42 所示。

图 6-41 输入文字

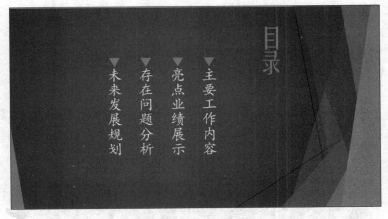

图 6-42 制作目录

（5）新建一个"两栏内容"的幻灯片，输入内容并设置格式，效果如图 6-43 所示。

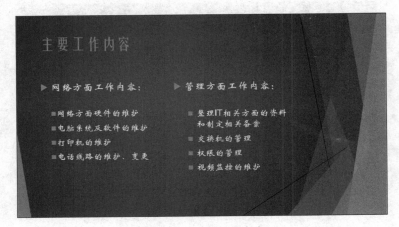

图 6-43 主要工作内容

（6）新建一个"仅标题"的幻灯片，利用艺术字展现业绩亮点，如图 6-44 所示。

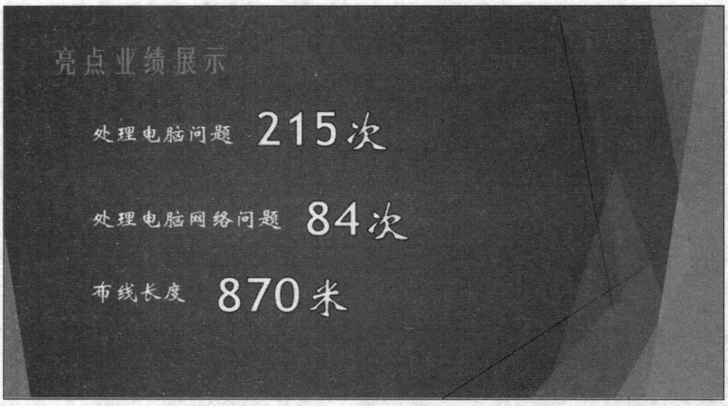

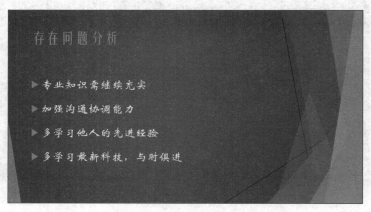

图 6-44　亮点业绩展示

（7）继续完成幻灯片的制作，效果如图 6-45 和图 6-46 所示。

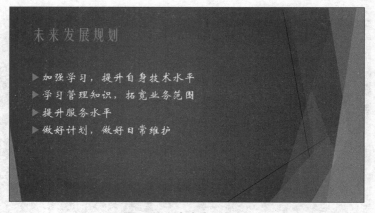

图 6-45　存在问题分析

图 6-46　未来发展规划

（8）单击"文件"→"另存为"命令，双击"这台电脑"，选择保存路径，将演示文稿保存为"2021 年度工作总结 .pptx"。

二、为年度工作总结设置交互效果

1. 操作要求

在制作年度工作总结的基础上，完善 2021 年度工作总结，为其添加交互效果。

2. 操作步骤

（1）打开上一任务所建"2021 年度工作总结 .pptx"，选择第一张幻灯片的标题文字"2021 年度工作总结"，在"动画"功能区"动画"组选择"飞入"效果，并在"计时"组设置"持续时间"为"01.50"。在"高级动画"组中单击"添加动画"，在下拉列表中选择"淡出"效果，并在"计时"组"开始"下拉列表中选择"上一动画之后"，设置"持续时间"为"01.50"。单击"浏览"组中的"浏览"按钮浏览效果。

（2）选择"汇报人：张三"，在"动画"功能区"动画"组选择"擦除"效果，单击"效果选项"按钮，在下拉列表中选择"自左侧"。

（3）选择第二张幻灯片，选择"目录"，单击"动画"功能区"动画"组中的"其他"按钮，在下拉列表中选择"更多进入效果"命令，在弹出的"更改进入效果"对话框中选择"展开"效果，如图 6-47 所示。为"主要工作内容"等同样选择"展开"效果，并在"计时"组"开始"下拉列表中选择"与上一动画同时"。

（4）选择"主要工作内容"文字，单击"插入"功能区"链接"组中的"超链接"按钮，在弹出的"编辑超链接"对话框中单击左侧的"本文档中的位置"，选择"下一张幻灯片"，如图 6-48 所示，单击"确定"按钮。

图 6-47 "更改进入效果"对话框

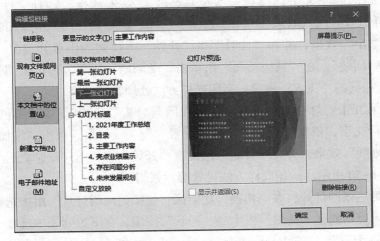

图 6-48 选择"下一张幻灯片"

（5）选择"亮点业绩展示"文字，单击"插入"功能区"链接"组中的"超链接"按钮，在弹出的"插入超链接"对话框中单击左侧的"本文档中的位置"，在"幻灯片标题"下选择"4.亮点业绩展示"，如图6-49所示，单击"确定"按钮。同样为"存在问题分析"和"未来发展规划"设置超链接。

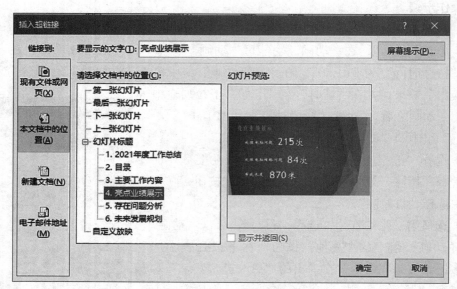

图6-49 选择"亮点业绩展示"

（6）选择第三张幻灯片，选择标题"主要工作内容"，单击"动画"功能区"动画"组中的"其他"按钮，在下拉列表中选择"更多强调效果"命令，在弹出的对话框中选择"彩色延伸"效果。为"网络方面工作内容："设置"下划线"效果，为其下内容设置"跷跷板"动画效果。

（7）选择第四张幻灯片，选择标题"亮点业绩展示"，为其设置"颜色延伸"效果。选择"处理电脑问题"文字，设置"飞入"效果，"效果选项"选择"自左侧"。选择"215次"，同样设置"飞入效果"，"效果选项"选择"自左侧"；单击"添加动画"按钮，选择"放大/缩小"效果，并在"计时"组"开始"下拉列表中选择"上一动画之后"。选择"处理电脑问题"，在"高级动画"组单击"动画刷"按钮，再单击"处理电脑网络问题"，即设置相同的"飞入"效果。运用同样方法处理其他文字。

（8）选择第五张幻灯片，选择标题"存在问题分析"，为其设置"颜色延伸"效果。选择其下每一行文字，依次进行如下设置：设置"飞入"效果，单击"添加动画"按钮，为其添加"下划线"效果，并在"计时"组设置"开始"为"上一动画之后"，"延迟"为"00.50"，如图6-50所示。运用同样方法设置第六张幻灯片。

（9）选择第三张幻灯片，在"切换"功能区"切换到此幻灯片"组中选择"涟漪"效果。单击"插入"功能区"插图"组中的"形状"按钮，在下拉列表中选择"十二角星"，在右下角拖出一个形状，在其上输入文字"目录"，如图6-51所示。选择该形状，单击

"插入"功能区"链接"组中的"超链接"按钮，在弹出的对话框中选择"2.目录"，单击"确定"按钮。后为第四、五、六张幻灯片同样添加返回目录的形状按钮。

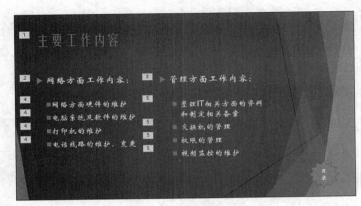

图 6-50　"计时"组设置　　　　　　　　　　　　　图 6-51　添加形状

（10）保存文档。

三、输出年度工作总结

1. 操作要求

将制作好的"2021 年度工作总结 .pptx"保存为视频。

2. 操作步骤

打开"2021 年度工作总结 .pptx"，选择"文件"→"导出"→"创建视频"命令，单击"使用录制的计时和旁白"，在下拉列表中选择"录制计时和旁白"命令，如图 6-52 所示，弹出"录制幻灯片演示"对话框，单击"开始录制"按钮，可以在展示 PPT 的同时录制演示旁白和墨迹。录制完成后，弹出是否保留新的幻灯片计时的对话框，单击"是"按钮，单击"创建视频"按钮，弹出"另存为"对话框，如图 6-53 所示，单击"保存"按钮，在状态栏即显示正在制作视频的进度，如图 6-54 所示。制作完成后，即得到视频文件。

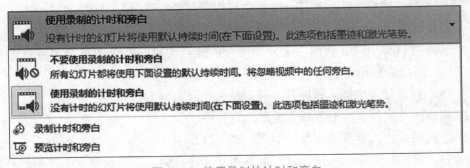

图 6-52　使用录制的计时和旁白

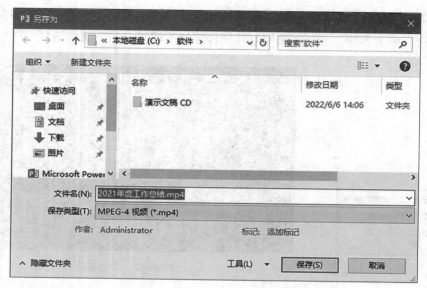

图 6-53 "另存为"对话框

正在制作视频 2021年度工作总结.mp4

图 6-54 正在制作视频

项目小结

本项目详细地介绍了利用 PowerPoint 2016 制作演示文稿的基本方法，其中包括 PowerPoint 2016 的工作界面、启动方法，演示文稿的创建，幻灯片的添加、复制、移动，幻灯片主题、背景、母版的功能、使用方法，以及演示文稿的动画效果的设置、超链接的设置、动作按钮的设置、幻灯片切换、演示文稿的放映等，使读者掌握利用 PowerPoint 2016 制作各种演示文稿的方法和步骤，使其计算机应用水平提高。

课后练习

一、选择题

1. 小王利用 PowerPoint 制作一份公司简介的演示文稿，他希望将公司外景图片铺满每张幻灯片，最优的操作方法是（　　　）。

　A. 在幻灯片母版中插入该图片，并调整大小及排列方式

　B. 将该图片文件作为对象插入全部幻灯片中

　C. 将该图片作为背景插入并应用到全部幻灯片中

　D. 在一张幻灯片中插入该图片，调整大小及排列方式，然后复制到其他幻灯片中

2. 如果需要在一个演示文稿的每页幻灯片左下角相同位置插入公司的 Logo，最优的操作方法是（　　　）。

　　A. 打开幻灯片母版视图，将 Logo 图片插入母版中

　　B. 打开幻灯片普通视图，将 Logo 图片插入幻灯片中

　　C. 打开幻灯片放映视图，将 Logo 图片插入幻灯片中

　　D. 打开幻灯片浏览视图，将 Logo 图片插入幻灯片中

3. 王老师制作完成了一个带有动画效果的 PowerPoint 教案，她希望在课堂上可以按照自己讲课的节奏自动播放，最优的操作方法是（　　　）。

　　A. 为每张幻灯片设置特定的切换持续时间，并将演示文稿设置为自动播放

　　B. 在练习过程中，利用"排练计时"功能记录适合的幻灯片切换时间，然后播放即可

　　C. 根据讲课节奏，设置幻灯片中每一个对象的动画时间，以及每张幻灯片的自动换片时间

　　D. 将 Power Point 教案另存为视频文件

4. 某公司制作了一份新产品的推广宣传演示文稿，但宣传场地的计算机并未安装 Power Point 软件，为确保不影响推介会的顺利开展，以下最优的操作方法是（　　　）。

　　A. 在另外一台计算机上安装好 Power Point 软件才能播放文件

　　B. 需要把演示文稿和 Power Point 软件都复制到另一台计算机上去

　　C. 使用 Power Point 的"打包"工具并包含全部 Power Point 程序

　　D. 使用 Power Point 的"打包"功能将演示文稿打包为文件夹或 CD 光盘

二、实操题

选择一个公司，利用网络搜索其相关信息，利用 PowerPoint 制作一个公司简介 PPT，并打包成 CD 复制到文件夹。

项目七
网络技术及信息安全

📝 **学习目标**

了解计算机网络的概念，常见的接入 Internet 的方法，计算机病毒的概念、特点、分类，信息安全；掌握计算机网络的分类、拓扑结构、体系结构，计算机网络的硬件系统和软件系统，IP 协议和域名地址，Internet 应用，计算机病毒的防范措施。

💡 **能力目标**

能熟练应用计算机网络，能做好信息安全的防范。

📚 **素养目标**

培养明确的目标，要有时间观念、团队意识、互助精神。

👤 **项目导读**

当今网络与网络应用无处不在，网络已经成为社会生活中一个不可缺少的部分。在日常的网络使用中，往往需要进行网络配置，对本机进行 IP 地址设置以连入网络。现阶段，虽然人们生活方式呈现出简单和快捷性，但其背后也伴有诸多信息安全隐患。信息是网络社会发展的重要战略资源，信息的泄漏、篡改、假冒和入侵等对信息网络已经构成重大威胁，这些都是的当前信息安全必须面对和解决的实际问题。本项目将对 Internet 的基础应用与信息安全进行概要阐述。

任务一 网络技术

一、计算机网络的概念

按照资源共享的观点，网络是指将地理位置不同的具有独立功能的多台计算机及其外部设备，通过通信线路连接起来，在网络操作系统、网络管理软件及网络通信协议的管理和协调下，实现资源共享和信息传递的计算机系统。

两台或两台以上的计算机由一条电缆相连接就形成了最基本的计算机网络。无论多么复杂的计算机网络都是由它发展来的，如图 7-1 所示。

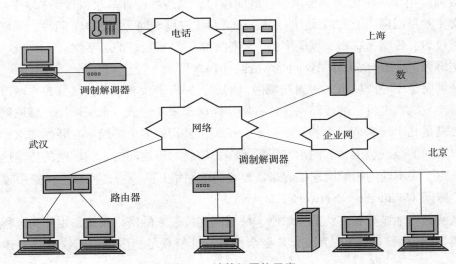

图 7-1 计算机网络示意

计算机网络的功能主要表现在以下几个方面：

（1）通信功能。现代社会信息量激增，信息交换也日益增多，每年有几万吨信件要传递。利用计算机网络传递信件是一种全新的电子传递方式。

（2）资源共享。在计算机网络中，存在许多昂贵的资源，如大型数据库、巨型计算机等。这些资源并非为每一用户所拥有，而是以共享资源的形式提供。

（3）分布式处理。一项复杂的任务可以划分成许多部分，由网络内各计算机分别协作并行完成有关部分，提高整个网络系统的处理能力。

（4）集中管理和高可靠性。计算机网络技术的发展和应用，使现代的办公手段和经营管理发生了变化，如不少企事业单位都开发和使用了基于网络的管理信息系统

（Management Information Systems，MIS）等软件，通过这些系统可以实现日常工作的集中管理，并大大提高了工作效率。可靠性高表现在网络中的各台计算机可以通过网络彼此互为后备机。另外，当网络中某个子系统出现故障时，可由其他子系统代为处理。

二、计算机网络的分类

计算机网络按照其规模大小和覆盖范围可以分为个人网、局域网、城域网和广域网等。

1. 个人网（Personal Area Network，PAN）

个人网是指用于连接个人的计算机和其他信息设备，如智能手机、打印机、扫描仪和传真机等。个人网的范围一般不超过 10 m，设备通常通过 USB 连接，或者通过蓝牙、红外线等无线方式连接。

2. 局域网（Local Area Network，LAN）

局域网应用于一座楼、一个集中区域的单位，网络中的计算机或设备称为一个节点。目前，常见的局域网主要有以太网（Ethernet）和无线局域网（WLAN）两种。局域网传输距离相对较短、传输速率高、误码率低、结构简单，具有较好的灵活性。

3. 城域网（Metropolitan Area Network，MAN）

城域网是位于一座城市的一组局域网。例如，一所学校有多个校区分布在城市的多个地区，每个校区都有自己的校园网，这些网络连接起来就形成一个城域网。城域网设计的目标是要满足几十千米范围内的大量企业、机关、公司的多个局域网互联的需求，以实现大量用户之间的数据、语音、图形与视频等多种信息的传输功能。城域网的传输速度比局域网慢，由于将不同的局域网连接起来需要专门的网络互联设备，所以连接费用较高。

4. 广域网（Wide Area Network，WAN）

广域网是将地域分布广泛的局域网、城域网连接起来的网络系统，也称为远程网。其分布距离广阔，可以横跨几个国家乃至全世界。其特点是速度低、错误率高、建设费用高。Internet 是广域网的一种。

计算机网络也可以按照网络的拓扑结构来划分，可以分为环型网、星型网、总线型网和树型网等；按照通信传输的介质来划分，可以分为双绞线网、同轴电缆网、光纤网和卫星网等；按照数据传输和转接系统的拥有者来划分，可以分为公共网和专用网两种。

三、计算机网络的拓扑结构

网络拓扑结构是从网络拓扑的观点来讨论和设计网络的特性，也就是讨论网络中的通信节点和通信线路或信道的连接所构成的各种网络几何构形。其用来反映网络各组成部分之间的结构关系，从而反映整个网络的整体结构外貌。常见的网络拓扑结构有星型拓扑结构（图 7-2）、总线型拓扑结构（图 7-3）、环型拓扑结构（图 7-4）、树型拓扑结构

（图 7-5）和混合型拓扑结构。

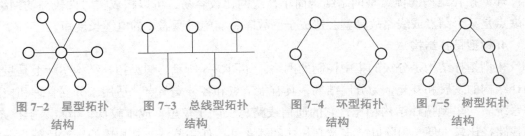

图 7-2　星型拓扑　　图 7-3　总线型拓扑　　图 7-4　环型拓扑　　图 7-5　树型拓扑
　　　　结构　　　　　　　　结构　　　　　　　　　结构　　　　　　　　　结构

1. 星型拓扑结构

星型拓扑结构是将各站点通过链路单独与中心结点连接形成的网络结构，各站点之间的通信都要通过中心结点交换，如图 7-2 所示。中心结点执行集中式通信控制策略，目前流行的 PBX（专用交换机）就是星型拓扑结构的典型实例。

星型拓扑结构的网络属于集中控制型网络，整个网络由中心节点执行集中式通行控制管理，各节点间的通信都要通过中心节点。每个要发送数据的节点都将要发送的数据发送到中心节点，再由中心节点负责将数据送到目的节点。因此，中心节点相当复杂，而各个节点的通信处理负担很小，只需要满足链路的简单通信要求即可。

星型拓扑结构的优点是联网容易，并且容易检测和隔离故障；其缺点是整个网络依赖中心结点，如果中心结点发生故障，则整个网络将瘫痪。因此，星型拓扑结构对中心结点的可靠性要求很高，实施时所需要的电缆长度较长。

2. 总线型拓扑结构

总线型拓扑结构是指采用单根数据传输线作为通信介质，所有的站点都通过相应的硬件接口直接连接到通信介质，而且能被所有的站点接收，如图 7-3 所示。总线型拓扑结构中的用户节点为服务器或工作站，通信介质为同轴电缆。由于所有的节点共享一条公用的传输链路，所以一次只能由一个设备传输。一般情况下，总线型网络采用载波监听多路访问 / 冲突检测协议（CSMA/CD）作为控制策略。总线拓扑结构工作时只有一个站点可以通过总线进行发送信息传输，其他所有站点这时都不能发送，且都将接收到该信号；然后判断发送地址是否与接收地址一致，若不匹配，发送到该站点的数据将被丢弃。

总线型拓扑结构的优点是结构简单，便于扩充结点，任一结点上的故障不会影响整个网络的使用；其缺点是总线故障诊断和隔离困难，网络对总线故障较为敏感。

3. 环型拓扑结构

环型拓扑结构是将各相邻站点互相连接，最终形成闭合环，如图 7-4 所示。在环型拓扑结构的网络上，数据传输方向固定，在站点之间单向传输，不存在路径选择问题。当信号被传递给相邻站点时，相邻站点对该信号进行了重新传输，依此类推。这种方法提供了能够穿越大型网络的可靠信号。

令牌传递经常被用于环形拓扑结构。在这样的系统中，令牌沿着网络传递，得到令牌控制权的站点可以传输数据。数据沿着环传输到目的站点，目的站点向发送站点发回已接

收到的确认信息。然后，令牌被传递给另一个站点，赋予该站点传输数据的权力。

环型拓扑结构的优点是网络结构简单，组网比较容易，可以构成实时性较高的网络；其缺点是某个结点或线路故障就会造成全网故障，实施时所需要的电缆长度短。

4. 树型拓扑结构

树型拓扑结构是分级的集中控制的网络，如图 7-5 所示。树型拓扑结构实际上是星型拓扑结构的发展和补充，为分层结构，具有根节点和各分支节点，适用于分支管理和控制的系统。与星型拓扑结构相比，它的通信线路总长度比较短，成本较低，节点易于扩充，寻找路径比较方便。但除叶节点及其相连的线路外，任一节点或其相连的线路故障都会使系统受到影响。

树型拓扑结构具有较强的可折叠性，非常适用于构建网络主干，还能够有效地保护布线投资。这种拓扑结构的网络一般采用光纤作为网络主干，用于军事单位、政府单位等上下界限相当严格和层次分明的网络结构。

5. 混合型结构

混合型拓扑结构是星型拓扑结构和总线型拓扑结构网络结合在一起的网络结构，这样的拓扑结构更能满足较大网络的拓展，既解决了星型网络在传输距离上的局限，又解决了总线型网络在连接用户数量上的限制。这种网络拓扑结构同时兼顾了星型网络与总线型网络的优点，又弥补了两者的不足。

四、计算机网络的体系结构

计算机网络是一个非常复杂的系统，要做到有条不紊地交换数据，每个节点必须遵守一些事先约定好的规则才能高效、协调地工作。这些为进行网络中的数据交换而建立的规则、标准或约定称为网络协议。

1. 网络协议

网络协议是计算机通过网络通信所使用的语言，是为网络通信中的数据交换制定的共同遵守的规则、标准和协定。具体而言，网络协议可以理解为由以下三部分组成。

（1）语法。语法是指通信时双方交换数据和控制信息的格式，如哪一部分表示数据，哪一部分表示接收方的地址等。语法是解决通信双方之间"如何讲"的问题。

（2）语义。语义是指每部分控制信息和数据所代表的含义，是对控制信息和数据的具体解释。语义是解决通信双方之间"讲什么"的问题。

（3）时序。时序是指详细说明事件是如何实现的。例如，通信如何发起；在收到一个数据后，下一步要做什么。时序是确定通信双方之间"讲"的步骤。

网络协议是计算机网络最重要的部分，只有配置相同网络协议的计算机才可以进行通信，而且网络协议的优劣直接影响计算机网络的性能。

2. 网络体系结构

网络通信是一个非常复杂的问题，这就决定了网络协议也是非常复杂的。为了减少设计上的错误，提高协议实现的有效性和高效性，对于非常复杂的网络协议，提出了分层结构处理的方法。也就是说，将网络通信这个复杂的大问题分解成很多小问题，然后通过解决一个个小问题，最终实现网络中两台计算机之间能够顺利完成通信。

网络体系结构就是对构成计算机网络的各组成部分层次之间的关系和所要实现各层次功能的一组精确定义。所谓"体系结构"是指对整体系统功能进行分解，然后定义出各个组成部分的功能，从而达到最终目标。因此，体系结构与层次结构是不可分离的概念，层次结构是描述体系结构的基本方法，而体系结构也总是具有分层特征。

3. OSI（开放式系统互联参考模型）

开放式系统互联参考模型（Open System Interconnection，OSI）是一种概念模型，由国际标准化组织于 1978 年制定，是一个试图使各种计算机在世界范围内互联为网络的标准框架。

OSI 将计算机网络体系结构（architecture）划分为七个层次，这七个层次由低到高依次为物理层、数据链路层、网络层、传输层、会话层、表示层和应用层。

（1）物理层：将数据转换为可通过物理介质传送的电子信号。

（2）数据链路层：决定访问网络介质的方式。在此层将数据分帧，并处理流控制。本层指定拓扑结构并提供硬件寻址。

（3）网络层：使用权数据路由经过大型网络。

（4）传输层：提供终端到终端的可靠连接。

（5）会话层：允许用户使用简单易记的名称建立连接。

（6）表示层：协商数据交换格式。

（7）应用层：用户的应用程序和网络之间的接口。

采用层次思想的计算机网络体系结构的标准化，为网络的构成提出了最终的标准，也是各种网络软件的设计基础。

4. TCP/IP 协议

TCP/IP 是 Internet 的基本协议，于 20 世纪 70 年代开始被研究和开发，经过不断地应用和发展，现已成为网络互联的工业标准，目前被广泛应用于各种网络中。

TCP/IP 提供点对点的链接机制，将数据应该如何封装、定址、传输、路由，以及在目的地如何接收，都加以标准化。它将软件通信过程抽象化为四个抽象层，即网络接口层、互联网层、传输层、应用层，采取协议堆栈的方式，分别实现不同通信协议。协议族下的各种协议依其功能不同，被分别归属到这四个层次结构之中，常被视为是简化的七层OSI 模型。

（1）网络接口层（Network Access Layer）位于 TCP/IP 协议的最底层，负责从网络上接收发送物理帧及硬件设备的驱动。

（2）互联网层（Internet Layer）是整个体系结构的关键部分，其功能是使主机可以把分组发往任何网络，并使分组独立地传向目标。这些分组可能经由不同的网络，到达的顺序和发送的顺序也可能不同。高层如果需要顺序收发，那么就必须自行处理对分组的排

序。互联网层使用因特网协议（Internet Protocol，IP）。TCP/IP 参考模型的互联网层和 OSI 参考模型的网络层在功能上非常相似。

（3）传输层（Transport Layer）使源端和目的端机器上的对等实体可以进行会话。在这一层定义了两个端到端的协议：传输控制协议（Transmission Control Protocol，TCP）和用户数据报协议（User Datagram Protocol，UDP）。TCP 是面向连接的协议，它提供可靠的报文传输和对上层应用的连接服务，为此，除基本的数据传输外，它还有可靠性保证、流量控制、多路复用、优先权和安全性控制等功能。UDP 是面向无连接的不可靠传输的协议，主要用于不需要 TCP 的排序和流量控制等功能的应用程序。

（4）应用层（Application Layer）包含所有的高层协议，包括虚拟终端协议（Telecommunication Network，TELNET）、文件传输协议（File Transfer Protocol，FTP）、电子邮件传输协议（Simple Mail Transfer Protocol，SMTP）、域名服务（Domain Name Service，DNS）、网上新闻传输协议（Net News Transfer Protocol，NNTP）和超文本传送协议（Hyper Text Transfer Protocol，HTTP）等。TELNET 允许一台机器上的用户登录到远程机器上，并进行工作；FTP 提供有效地将文件从一台机器上移到另一台机器上的方法；SMTP 用于电子邮件的收发；DNS 用于把主机名映射到网络地址；NNTP 用于新闻的发布、检索和获取；HTTP 用于在 WWW 上获取主页。

五、计算机网络的组成

（一）计算机网络的组成分类

从不同角度，可以将计算机网络的组成分为以下几类：

（1）从组成成分上看，一个完整的计算机网络由计算机硬件系统、网络软件系统、网络协议组成。计算机硬件系统主要由服务器、客户机、通信设备、传输介质等组成。网络软件系统主要包括各种实现资源共享的软件、方便用户使用的各种工具软件，如网络操作系统、邮件收发程序、FTP 程序、聊天程序等。

（2）从功能组成上看，计算机网络由资源子网和通信子网组成。

1）资源子网。资源子网（Resource Subnet）主要由提供资源的主机和请求资源的终端组成。它们都是信息传输的源结点或宿节点，有时也统称为端结点，负责全网的信息处理。

资源子网由拥有资源的主计算机（主机）系统、请求资源的用户终端、终端控制器、通信子网的接口、软件资源和数据资源组成。

①主机。在计算机网络中，主机（Host）可以是大型机、中型机或小型机，也可以是终端工作站或微型机。主机是资源子网的主要元素，它通过高速线路与通信子网的通信控制处理机相连接。普通的用户终端机通过主机连接入网，主机还为终端用户的网络资源共享提供服务。

②终端。终端（Terminal）是用户访问网络的界面装置。终端一般是指没有存储与处理信息能力的简单输入、输出终端，但是有时也带有微处理机的智能型终端。

2）通信子网。通信子网（Communication Subnet）主要由网络结点和通信链路组成，负责全网的信息传递。其中，网络结点也称为转接结点或中间结点，它们的作用是控制信息的传输和在端结点之间转发信息。从硬件角度看，通信子网由通信控制处理机、通信线路和其他通信设备组成。

①通信控制处理机。通信控制处理机（Communication Control Processor，CCP）是一种在数据通信系统中专门负责网络中数据通信、传输和控制的专用计算机或具有同等功能的计算机部件。其一般由配置了通信控制功能的软件和硬件的小型机、微型机承担。

②通信线路。通信线路是为 CCP 与 CCP、CCP 与主机之间提供数据通信的通道。通信线路和网络上的各种通信设备一起组成了通信信道。计算机网络中采用的通信线路的种类很多，例如，可以使用双绞线、同轴电缆、光纤等有线通信线路组成通信通道；也可以使用无线通信、微波通信和卫星通信等无线通信线路组成通信信道。

（二）计算机网络的硬件系统

1. 服务器

服务器是指能向网络用户提供特定的服务软件的配件。一般可按其提供服务的内容分为文件服务器、打印服务器、通信服务器和数据库服务器等。

服务器可由高档微机、工作站或专用的计算机充当。服务器的职能主要是提供各种服务，并实施网络的各种管理。

2. 工作站

工作站是指连接到计算机网络中具有独立处理能力，并且能够接受网络服务器控制和管理，共享网络资源的计算机。其主要包括无盘工作站、微机、输入输出设备等。

3. 通信设备

通信设备是指用于建立网络连接的各种设备，如中继器、集线器、交换机、路由器、网桥、网关、调制解调器、网卡、防火墙等。

（1）中继器。中继器（Repeater）是工作在物理层上的连接设备，适用于完全相同的两类网络的互联，主要功能是通过对数据信号的重新发送或转发，来扩大网络传输的距离。

（2）集线器。集线器是一个多端口的中继器，工作在 OSI 模型中的物理层，用于局域网内部多个工作站与服务器之间的连接，可以提供多个微机连接端口。

随着技术的发展，在一些大、中型局域网中，集线器已逐渐退出应用，而被交换机代替。集线器主要应用于一些中、小型网络或大、中型网络的边缘部分。

集线器的分类如下：

1）按传输速率可分为 10 Mbps、100 Mbps、10/100 Mbps 自适应集线器。

2）按集线器的结构可分为独立式集线器、堆叠式集线器、箱体式集线器。

3）按供电方式可分为有源集线器和无源集线器。

4）按有无管理功能可分为无网管功能集线器和智能型集线器。

5）按端口数量可分为 8 口、16 口、24 口、32 口集线器。

（3）交换机。交换机（Switching）是按照通信两端传输信息的需要，使用人工或设备自动完成的方法，把要传输的信息送到符合要求的相应路由上的技术的统称。交换机根据工作位置的不同，可以分为广域网交换机和局域网交换机。广域网交换机就是一种在通信系统中完成信息交换功能的设备，它应用在数据链路层。局域网交换机是指用在交换式局域网内进行数据交换的设备。交换机有多个端口，每个端口都具有桥接功能，可以连接一个局域网或一台高性能服务器或工作站。

（4）路由器。路由器（Router）是在网络层上实现多个网络互联的设备，用来互联两个或多个独立的相同类型或不同类型的网络：局域网与广域网的互联，局域网与局域网的互联。

1）路由器的工作原理。如图 7-6 所示，局域网 1、局域网 2 和局域网 3 通过路由器连接起来，3 个局域网中的工作站可以方便地互相访问对方的资源。

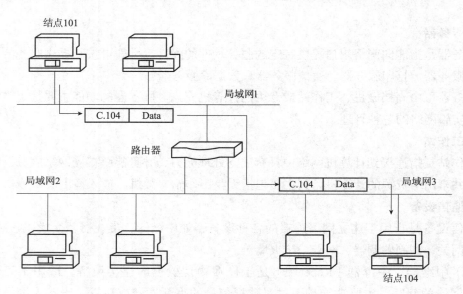

图 7-6　路由器的工作原理

2）路由器的功能。

①网络互联。路由器工作在网络层，是该层的数据包转发设备，多协议路由器不仅可以实现不同类型局域网的互联，而且可以实现局域网和广域网的互联及广域网之间的互联。

②网络隔离。路由器不仅可以根据局域网的地址和协议类型，而且可以根据网络号、主机的网络地址、子网掩码、数据类型（如高层协议是 FTP、Telnet 等）来监控、拦截和过滤信息，具有很强的网络隔离能力。这种网络隔离功能不仅可以避免广播风暴，还可以

提高整个网络的安全性。

③流量控制。路由器有很强的流量控制能力，可以采用优化的路由算法来均衡网络负载，从而有效地控制拥塞，避免因拥塞而使网络性能下降。

3）路由表。路由表是指由路由协议建立、维护的用于容纳路由信息并存储在路由器的中的表。路由表中一般保存着以下重要信息：

①协议类型；

②可达网络的跳数；

③路由选择度量标准；

④出站接口。

4）路由器的一般结构。

①硬件结构：通常由主板、CPU（中央处理器）、随机访问存储器（RAM/DRAM）、非易失性随机存取存储器（NVRAM）、闪速存储器（Flash）、只读存储器（ROM）、基本输入 / 输出系统（BIOS）、物理输入 / 输出（I/O）端口及电源、底板和金属机壳等组成。

②软件：路由器操作系统，该软件的主要作用是控制不同硬件并使它们正常工作。

③常用连接端口：路由器常用端口可分为局域网端口、多种广域网端口和管理端口三类。

（5）网桥。网桥也称桥接器，是数据链路层的连接设备，准确地说，它工作在 MAC 子层上，用它可以连接两个采用不同数据链路层协议、不同传输介质与不同传输速率的网络。网桥在两个局域网的数据链路层（DDL）间按帧传送信息，一般情况下，被连接的网络系统都具有相同的逻辑链路控制规程（LLC），但媒体访问控制协议（MAC）可以不同。

1）网桥的工作原理如图 7-7 所示。

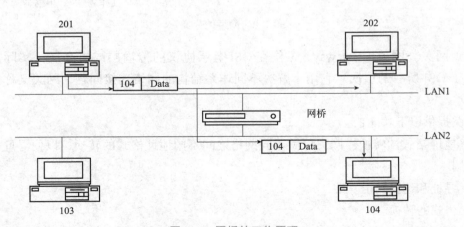

图 7-7　网桥的工作原理

2）网桥的功能。网桥的功能是在互联局域网之间存储转发帧，实现数据链路层上的协议转换。

①对收到的帧进行格式转换，以适应不同的局域网类型。

②匹配不同的网速。

③对帧具有检测和过滤作用。通过对帧进行检测，对错误的帧予以丢弃，起到了对出错帧的过滤作用。

④具有寻址和路由选择的功能。它能对进入网桥数据的源 / 目的 MAC 地址进行检测，若目的地址是同一网段的工作站，则丢弃该数据帧，不予转发；若目的地址是不同网段的工作站，则将该数据帧发送到目的网段的工作站。这种功能称为筛选 / 过滤功能，它隔离掉不需要在网间传输的信息，大大减少了网络负载，改善了网络性能。但网桥不能对广播信息进行识别和过滤，容易形成网络广播风暴。

⑤提高网络带宽，扩大网络地址范围。

3）网桥的分类。网桥依据使用范围的大小，可分为本地网桥（Local Bridge）和远程网桥（Remote Bridge）两类，如图 7-8 所示。本地网桥又有内桥和外桥之分。

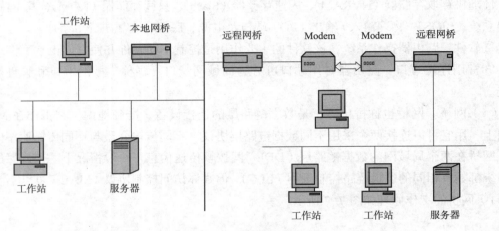

图 7-8　网桥的分类

（6）网关。网关（Gateway）工作在 OSI 七层协议的传输层或更高层，实际上，网关使用了 OSI 所有的层次。它用于解决不同体系结构的网络连接问题，网关又称协议转换器。

网关提供以下功能：

1）地址格式的转换：网关可做不同网络之间不同地址格式的转换，以便寻址和选择路由之用。

2）寻址和选择路由。

3）格式的转换。

4）数字字符格式的转换：网关对于不同的字符系统也必须提供字符格式的转换，如ASCII«EBCDIC（Extended BCD Interchange Code）。

5）网络传输流量控制。

6）高层协议转换。这是网关最主要的功能，即提供不同网络间的协议转换，例如，IBM 的 SNA 与 TCP/IP 互联时就需要网关进行协议转换。

（7）调制解调器。调制解调器能将计算机的数字信号翻译成可沿普通电话线传送的模拟信号，而这些模拟信号又可被线路另一端的另一个调制解调器接收，并译成供计算机使用的语言，通过这一简单过程即可完成两台计算机之间的通信。

（8）网卡。网卡（NIC）也称为网络适配器，在局域网中用于将用户计算机与网络相连接。其一般可分为有线网卡和无线网卡两种。

（9）防火墙。防火墙是一种通过设置网络访问规则来保障网络安全的设备。防火墙一般配置为拒绝未经确认的访问请求，而允许已确认的访问请求。随着互联网的攻击越来越多，防火墙设备在保障网络安全方面也扮演着越来越重要的角色。

4. 传输介质

传输介质主要有光纤、双绞线、同轴电缆、无线传输等。

（1）光纤。光纤是一种利用光在玻璃或塑料制成的纤维中的全反射原理而制成的光传导工具。微细的光纤封装在塑料护套中能够弯曲而不至于断裂。通常，光纤一端的发射装置使用发光二极管（LED）或一束激光将脉冲传送至光纤，光纤另一端的接收装置使用光敏感元件检测脉冲。由于光在光纤的传导损耗比电在电线中传导的损耗低得多，所以光纤通常被用于长距离的信息传送。

（2）双绞线。双绞线是综合布线工程中最常用的一种传输介质。它是由一对相互绝缘的金属导线绞合而成。采用这种方式，不仅可以抵御一部分来自外界的电磁波干扰，而且可以降低自身信号对外界的干扰。双绞线分为屏蔽双绞线（STP）和非屏蔽双绞线（UTP）两种，屏蔽双绞线在双绞线与外层绝缘封套之间有一个金属屏蔽层。

（3）同轴电缆。同轴电缆是指有两个同心导体，而导体和屏蔽层又共用同一轴心的电缆。最常见的同轴电缆由绝缘材料隔离的铜线导体组成，在里层绝缘材料的外部是另一层环形导体及其绝缘体，整个电缆由聚氯乙烯或特氟纶材料的护套包住。

（4）无线传输。在信号的传输中，若使用的介质不是人为架设的介质，而是自然界所存在的介质，那么这种介质就是广义的无线介质。在这些无线介质中完成通信称为无线通信。目前，人类广泛使用的无线介质是大气，在其中传输的是电磁波。根据所利用的电磁波的频率又可将无线通信分为无线电通信、微波通信、红外通信和激光通信。通过无线介质进行数据传输无须物理连接，适用于长距离或不便布线的场合。但对于这些利用电磁波或光波传输信息的方式而言，最大的缺点在于传输时容易受到干扰。

（三）网络软件系统

网络软件通常指以下 5 种类型的软件：

（1）操作系统：实现系统调度、资源共享、用户管理和访问控制的软件，如 Windows、UNIX、Linux、Novell 等。

（2）应用软件：为网络用户提供信息服务并为网络用户解决实际应用问题的软件，如 DB（Data Base）、VOD（Video On Demand）等。

（3）通信软件：保障网络相互正确通信的软件。

（4）协议和协议软件：通过协议程序实现网络协议功能的软件。

（5）管理软件：对网络资源进行管理和对网络进行维护的软件。

任务二　Internet 基础与应用

一、Internet 概述

Internet，中文正式译名为因特网，又称国际互联网。Internet 产生于 1969 年。20 世纪 80 年代后期，美国国家科学基金会（NSF）建立了全美五大超级计算机中心，NSF 决定建立基于 IP 协议的计算机网络，并建立了连接超级计算中心的地区网，超级中心再彼此互联起来。连接各地区网上主要节点的高速通信专线便构成了 NSFNet（国家科学基金网）的主干网。NSFNet 的成功使它成为美国乃至世界 Internet 的基础。随着越来越多的国家加入 Internet 来共享它的资源，Internet 已成为全球性的互联计算机网络。

我国 Internet 的建设始于 1994 年，通过国内四大骨干网连入 Internet。1998 年，由中国教育和科研计算机网（CERNET）牵头，开始建设中国第一个 IPv6 实验床，两年后开始地址的分配。2000 年，中国高速互联研究实验网络（NSFCNET）开始建设，分别于 CERNET、CSTNET 及 Internet 2 和亚太地区高速网络 APAN 互联。2002 年，中日 IPv6 合作项目开始起步。2004 年，由中国科学院、美国国家科学基金会、俄罗斯部委与科学团体联盟共同出资建设的环球科教网络（GLORIAD）正式开通，其目的是支持中、美、俄三国乃至全球先进的科教应用并支持下一代互联网的研究。截至 2022 年 6 月，我国网民规模为 10.51 亿，互联网普及率达 74.4%，其中网民使用手机上网的比例达 99.6%。

二、接入 Internet 常用方法

1. ISP

ISP（Internet Service Provider，Internet 服务供应商）是向广大用户综合提供互联网接入业务、信息业务和增值业务的电信运营商。我国的 ISP 有中国电信、中国移动、中国联通等。

2. 常见的接入 Internet 的方法

（1）ADSL 拨号接入。ADSL（Asymmetric Digital Subscriber Line，非对称数字用户环路）是一种通过普通电话线提供宽带数据业务的技术，在光纤接入技术普及之前 ADSL 很流行。

（2）局域网接入。局域网接入方案采用专门的网络布线设计，能较好地为一个单位或网吧解决上网需求。它是在已建好的局域网基础上租用 ISP 提供的光纤（或宽带），使单位

内所有用户共享 Internet 服务。

（3）光纤宽带接入。光纤宽带接入是指用光纤作为主要的传输介质，实现接入网的信息传送功能。它通过光纤接入小区节点或楼道，再由网线连接到各个共享点上（一般不超过 100 M），提供一定区域的高速互联接入。

（4）无线上网。无线上网是指使用无线连接的互联网登录方式。它使用无线电波作为数据传送的媒介。无线上网主要有两种：一种是通过手机开通数据功能实现，它是目前个人使用频率最高的无线上网方式；另一种是使用无线网络设备实现，它是以传统局域网为基础，以无线网卡和无线 AP 来构建的无线上网方式。

三、Internet 地址

Internet 地址是分配给入网计算机的一种标志。Internet 为每个入网用户分配一个识别标志，这种标志可表示为 IP 地址和域名地址。

1. 了解 IP 协议

IP 是英文 Internet Protocol 的缩写，意思是"网络之间互联的协议"，是为计算机网络相互连接进行通信而设计的协议。在 Internet 中，它是能使连接到网上的所有计算机网络实现相互通信的一套规则，规定了计算机在 Internet 上进行通信时应当遵守的规则。任何厂家生产的计算机系统，只要遵守 IP 协议就可以与 Internet 互联互通。正是因为有了 IP 协议，Internet 才得以迅速发展成为世界上最大的、最开放的计算机通信网络。因此，IP 协议也可以称为因特网协议。

为了实现 Internet 上不同计算机之间的通信，除使用相同的通信协议 TCP/IP 外，每台计算机都有一个区别于其他计算机的网络地址，即 IP 地址。

2. IPv4

IPv4 是互联网协议（Internet Protocol，IP）的第四版，也是第一个被广泛使用、构成现今互联网技术基石的协议。Internet 上的每台主机（Host）都有一个唯一的 IP 地址。IP 协议就是使用这个地址在主机之间传递信息，这是 Internet 能够运行的基础。当前有 IPv4 和 IPv6 两个版本，人们常说的 IP 地址即 IPv4。IPv4 地址的长度为 32 位二进制数，分为 4 段，每段 8 位。由于二进制组成的 IP 地址不便理解和记忆，因此，在 Internet 中采用"点分十进制"的方法表示，即每段的 8 位二进制表示为一个十进制数（取值 0 ～ 255），段与段之间用句点隔开，如 192.168.16.23。

IPv4 地址由两部分组成：网络标识（即网络 ID 或网络号，用于说明主机位于哪个网段上）和主机地址（即主机 ID 或主机号，用于表明某个网段上特定的计算机号码）。例如，IP 地址 206.192.47.36 中，网络标识为 206.192.47.0，主机标识为 36。为了便于对 IP 地址进行管理，根据 IPv4 地址的第一个字节，IPv4 地址可分为以下五类：

A 类：1 ～ 126（127 是为回路和诊断测试保留的）；

B 类：128 ～ 191；

C 类：192 ～ 223；

D 类：224 ～ 239，组播地址；

E 类：240 ～ 254，保留为研究测试使用。

常用的 A、B、C 三类网络的取值范围见表 7-1。

表 7-1　A、B、C 三类网络的取值范围

网络类型	第一字节	网络地址数	网络主机数	主机总数
A 类网络	1 ～ 126	126	16, 777, 214	2, 113, 928, 964
B 类网络	128 ～ 191	16, 382	65, 534	1, 073, 577, 988
C 类网络	192 ～ 223	2, 097, 150	254	532, 676, 608
合计		2, 113, 660	16, 843, 002	3, 720, 183, 560

并非所有 IP 地址都是可用的，在配置 IP 地址时，必须遵守以下规则：

（1）主机号和网络号不能全为 0 或 255，例如，0.0.0.0，255.255.255.255。

（2）A 类地址的网络号不能为 127，例如，127.0.0.1，127.2.2.1。

> 🔊 **小提示**
>
> 　　私有地址是专为组织机构内部使用的，有三块 IP 地址空间，分别是 10.0.0.0 ～ 10.255.255.255；172.16.0.0 ～ 172.31.255.255；192.168.0.0 ～ 192.168.255.255。

3. IPv6

随着互联网的蓬勃发展，IP 地址的需求量越来越大，现有的 IPv4 的地址空间已经无法匹配迅速膨胀的 Internet 规模，而 IPv6 能提供比 IPv4 更庞大的地址资源。IPv6 是用于替代现行版本 IP 协议 IPv4 的下一代 IP 协议，它由 128 位二进制数码表示，分成 8 段，每段 16 位。IPv6 地址通常用十六进制表示，段与段之间用冒号隔开。

知识拓展：IPv6 的应用前景

4. 域名地址

由于 IP 地址使用数字来表示，不直观、不便于记忆，也不能看出拥有该地址的组织的名称或性质，因此，提出了域名的概念。在访问一台计算机时，不再需要记住该计算机的 IP 地址，而只需通过它的域名就可以访问了。例如，使用 www.baidu.com 表示的百度网的具体 IP 地址是 110.242.68.66。

在 Internet 中，存在一个非常庞大的系统，将数量繁多的计算机按命名规则产生的名字与其 IP 地址对应起来并进行有效的管理，这个系统称为域名系统（Domain Name System，DNS）。

域名系统采用层次结构，按地理域或机构域进行分层。用点号将各级子域名分隔开来，域的层次次序从右到左（即由高到低或由大到小）分别称为顶级域名、二级域名、三级域名。

顶级域名分为机构性域名和地理性域名两类。机构性域名包括 com（营利性的商业实体）、edu（教育机构或设施）、gov（非军事性政府或组织）、int（国际性机构）、mil（军事机构或设施）、net（网络资源或组织）、org（非营利性组织结构）、firm（商业或公司）、store（商场）、web（与 www 有关的实体）、arts（文化娱乐）、arc（消遣性娱乐）、info（信息服务）和 nom（个人）等。地理性域名指明了该域名的国家或地区，用国家或地区的字母代码表示，如中国（cn）、英国（uk）、日本（jp）等。

Internet 上几乎在每一子域都设有域名服务器，服务器中包含该子域的全体域名和 IP 地址信息。Internet 中每台主机上都有地址转换请求程序，负责域名与 IP 地址的转换。域名和 IP 地址之间的转换工作称为域名解析，整个过程是自动进行的。有了 DNS，凡域名空间中有定义的域名都可以有效地转换成 IP 地址；反之，IP 地址也可以转换成域名。因此，用户可以等价地使用域名或 IP 地址。

四、设置 IP 地址并连通网络

设置 IP 地址并连通网络的步骤如下。

1. 设置 IP 地址

在计算机桌面右下角计算机图标 上单击鼠标右键，选择"打开'网络和 Internet'设置"命令，如图 7-9 所示。

图 7-9 打开"网络和 Internet"设置

在左侧栏选择"以太网"，在打开的界面中选择"更改适配器选项"，在打开的界面的"本地连接"上单击鼠标右键，选择"属性"，如图 7-10 所示，弹出"本地连接 属性"对话框，如图 7-11 所示。

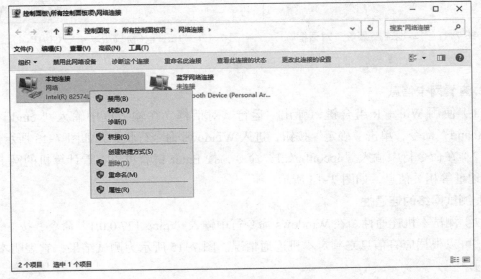

图 7-10 本地连接

225

在"本地连接 属性"对话框中选择"Internet 协议版本 4（TCP/IPv4）"，单击"属性"按钮，弹出"Internet 协议版本 4（TCP/IPv4）属性"对话框，选择"使用下面的 IP 地址"单选按钮，在"IP 地址（I）："与"默认网关（D）："文本框中分别输入 IP 地址和网关地址，单击"子网掩码（U）："文本框，系统将根据 IP 地址自动分配子网掩码，在"使用下面的 DNS 服务器地址（E）"栏的"首选 DNS 服务器（P）："和"备用 DNS 服务器（A）："文本框中输入 DNS 服务器地址，如图 7-12 所示。依次单击"确定"按钮，完成本地连接 TCP/IP 属性的设置。

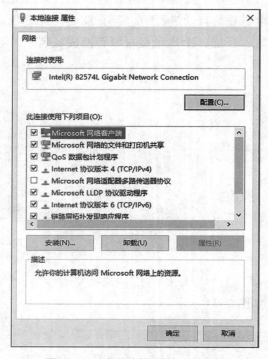

图 7-11 "本地连接 属性"对话框

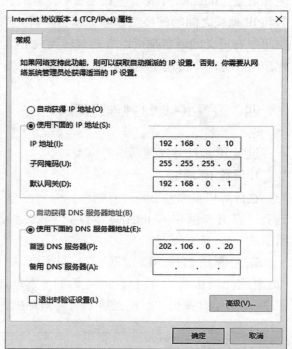

图 7-12 "Internet 协议版本 4（TCP/IPv4）属性"对话框

2. 查看网卡信息

（1）使用 Win + R 组合键，弹出"运行"对话框，在输入框中输入"cmd"或是"command"命令，单击"确定"按钮，进入 Windows 命令行状态，如图 7-13 所示。

（2）在命令行中输入"ipconfig/all"命令，按 Enter 键就可以查看计算机的网卡地址及 IP 地址等相关信息，如图 7-14 所示。

3. 测试网络的连通性

（1）测试本机连通性。在 Windows 命令行中输入"ping 127.0.0.1"命令，按 Enter 键之后，可以根据应答信息来判定本机连通情况。图 7-15 所示为测试结果，它表明本机回路连通。

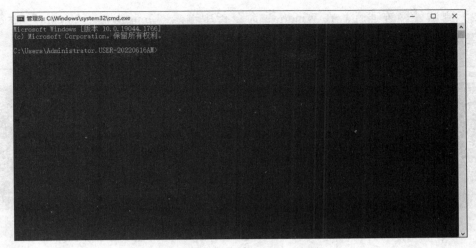

图 7-13 Windows 命令行状态

图 7-14 计算机的网卡地址及 IP 地址

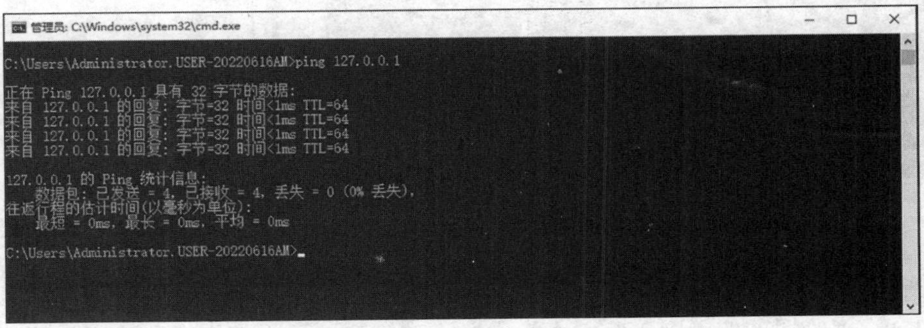

图 7-15 测试本机连通性结果

（2）测试外网连通性。在 Windows 命令行中输入"ping www.126.com"命令，按 Enter 键确定后，查看连通性。图 7-16 所示为测试结果，它表示与外网连通。

图 7-16　测试外网连通性结果

五、浏览器

浏览器是网络用户用来浏览网上站点信息的工具软件，借助浏览器，用户可以搜索信息、下载 / 上传文件、收发电子邮件和访问新闻组等。下面以 Windows 10 操作系统默认的 Edge 浏览器为例，介绍浏览器的常用功能及操作方法。

1. Edge 浏览器界面

Edge 浏览器的界面如图 7-17 所示。单击页面显示区右上角的"页面设置"按钮，可对页面显示区显示的内容进行设置，如图 7-18 所示。

图 7-17　Edge 浏览器界面

图 7-18　页面设置

2. 搜索网页

在 Edge 浏览器"搜索网页"文本框内输入关键字，单击"搜索"按钮，即可返回结

果与关键字相关的网页。单击"按语音搜索"按
钮，可通过语音功能进行搜索。

3. 收藏夹

使用收藏夹功能，可以在上网时将自己喜欢、
常用的网站放到一个文件夹里，想用时可以通过
单击来快速打开。

当浏览到自己需要的页面后，单击地址栏
中的"将此页面添加到收藏夹"按钮，在出现的
"已添加到收藏夹"对话框中，可以对"名称""文
件夹"进行相应编辑，如图 7-19 所示。若要访问
收藏的网址，可以单击浏览器右上方的"设置及
其他"按钮，打开浏览器菜单，如图 7-20 所示，

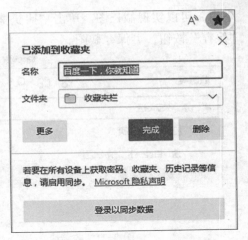

图 7-19　已添加到收藏夹

选择"收藏夹"命令，将在子菜单中出现收藏的网址名称，如图 7-21 所示，单击该名称，
即可打开对应的网址。

图 7-20　浏览器菜单

4. 网页资源保存

在浏览页面时，如要截图保存网页内容，可以使用"网页捕获"功能。打开浏览器菜
单，如图 7-20 所示，选择"网页捕获"命令，会弹出如图 7-22 所示对话框，单击"捕获
区域"按钮，将会出现"十"字光标，按住鼠标左键，拖动边框往下拉，页面也会自动往

下滑，可以实现截长图。单击"捕获整页"，将截取整个页面内容，如图7-23所示，单击"保存"按钮，可保存截图。

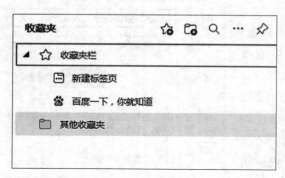

图7-21　收藏夹

图7-22　网页捕获

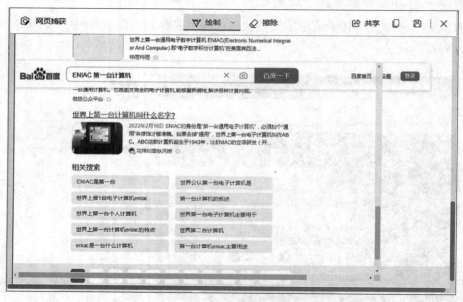

图7-23　捕获整页

任务三　信息安全

一、计算机病毒

1. 计算机病毒的概念

计算机病毒是指能够通过某种途径潜伏在计算机存储介质或程序里，当达到某种条件时即被激活对计算机资源进行破坏的一组程序或指令集合。

计算机病毒是一个程序，一段可执行代码。就像生物病毒一样，计算机病毒有独特的复制能力。计算机病毒可以很快地蔓延，又常常难以根除。它们能把自身附着在各种类型的文件上，当文件被复制或从一个用户传送到另一个用户时，它们就随同文件一起蔓延开来。除复制能力外，某些计算机病毒还有其他一些共同特性：一个被污染的程序能够传送病毒载体，当用户看到病毒载体似乎仅仅表现在文字和图像上时，它们可能已毁坏了文件、格式化了用户的硬盘或引发了其他类型的灾害；有时病毒并不寄生在一个污染程序，但仍然能通过占据存储空间给用户带来麻烦，并降低计算机的性能。

2. 计算机病毒的特点

（1）寄生性。计算机病毒寄生在其他程序之中，当执行这个程序时，病毒就会起到破坏作用，而在未启动这个程序之前，它是不易被人发觉的。

（2）传染性。计算机病毒不但本身具有破坏性，更有害的是它具有传染性，一旦病毒被复制或产生变种，其速度之快令人难以预防。

（3）潜伏性。有些病毒像定时炸弹一样，它什么时间发作是预先设计好的。例如，黑色星期五病毒不到预定时间一点都觉察不出来，等到条件具备时一下子就爆炸开来，对系统进行破坏。

（4）隐蔽性。计算机病毒具有很强的隐蔽性，有的可以通过杀毒软件检查出来，有的根本就查不出来，有的时隐时现、变化无常，这类病毒处理起来通常很困难。计算机病毒也具有很强的伪装能力，有时伪装成一段吸引你的文字，有时伪装成一张图片，有时伪装成你需要使用的软件，只要点击或下载计算机就有可能中毒。

3. 计算机病毒的分类

（1）按照病毒的攻击机型分类。

1）攻击微型计算机的病毒。这种病毒是世界上传染最为广泛的一种病毒。

2）攻击小型机的计算机病毒。小型机的应用范围是极为广泛的，它既可以作为网络的一个节点机，也可以作为小的计算机网络的主机。起初，人们认为计算机病毒只有在微型计算机上才能发生而小型机则不会受到病毒的侵扰，但自1988年11月Internet网络受到worm程序的攻击后，使人们认识到小型机同样不能免遭计算机病毒的攻击。

3）攻击工作站的计算机病毒。近几年，计算机工作站有了较大的进展，并且应用范围也有了较大的发展，所以不难想象，攻击计算机工作站的病毒的出现也是对信息系统的一大威胁。

（2）按照计算机病毒的链接方式分类。由于计算机病毒本身必须有一个攻击对象以实现对计算机系统的攻击，计算机病毒所攻击的对象是计算机系统可执行的部分。

1）源码型病毒。该病毒攻击高级语言编写的程序。该病毒在高级语言所编写的程序编译前插入到源程序中，经编译成为合法程序的一部分。

2）嵌入型病毒。这种病毒是将自身嵌入现有程序中，将计算机病毒的主体程序与其攻击的对象以插入的方式链接。这种计算机病毒是难以编写的，一旦侵入程序体后也较难

消除。如果同时采用多态性病毒技术、超级病毒技术和隐蔽性病毒技术，将给当前的反病毒技术带来严峻的挑战。

3）外壳型病毒。外壳型病毒将其自身包围在主程序的四周，对原来的程序不作修改。这种病毒最为常见，易于编写，也易于发现，一般测试文件的大小即可知。

4）操作系统型病毒。这种病毒用它自己的程序意图加入或取代部分操作系统进行工作，具有很强的破坏力，可以导致整个系统的瘫痪。圆点病毒和大麻病毒就是典型的操作系统型病毒。

这种病毒在运行时，用自己的逻辑部分取代操作系统的合法程序模块，根据病毒自身的特点和被替代的操作系统中合法程序模块在操作系统中运行的地位与作用，以及病毒取代操作系统的取代方式等，对操作系统进行破坏。

（3）按照计算机病毒的破坏情况分类。

1）良性计算机病毒。良性计算机病毒是指其不包含立即对计算机系统产生直接破坏作用的代码。这类病毒为了表现其存在，只是不停地进行扩散，从一台计算机传染到另一台，并不破坏计算机内的数据。有些人对这类计算机病毒的传染不以为然，认为这只是恶作剧，没什么关系，其实良性、恶性都是相对而言的，良性病毒取得系统控制权后，会导致整个系统和应用程序争抢 CPU 的控制权，导致整个系统死锁，给正常操作带来麻烦。有时系统内还会出现几种病毒交叉感染的现象，一个文件不停地反复被几种病毒感染。例如，原来只有 10 KB 存储空间，而且整个计算机系统也由于多种病毒寄生于其中而无法正常工作。因此，不能轻视所谓良性病毒对计算机系统造成的损害。

2）恶性计算机病毒。恶性计算机病毒是指在其代码中含有损伤和破坏计算机系统的操作，在其传染或发作时会对系统产生直接的破坏作用。这类病毒是很多的，如米开朗基罗病毒（也称米氏病毒）。当米氏病毒发作时，硬盘的前 17 个扇区将被彻底破坏，使整个硬盘上的数据无法被恢复，造成的损失是无法挽回的。有的病毒还会对硬盘做格式化等破坏。这些操作代码都是刻意编写进病毒的，这是其本性之一。因此，这类恶性病毒是很危险的，应当注意防范。所幸防病毒系统可以通过监控系统内这类异常动作识别出计算机病毒的存在与否，或至少会发出警报提醒用户注意。

4. 计算机病毒的防范措施

计算机病毒的破坏性是非常大的，因此，用户在使用计算机时首先要有病毒防范意识，其次是养成良好的计算机使用习惯，采取必要的防范措施来预防和消灭计算机病毒。

（1）提高计算机操作人员的防范意识。若计算机操作人员欠缺防范意识，会造成很多本可以规避的病毒出现。例如，开机或是计算机登录界面未设置或设置过于简单的密码，未定期进行更改；多人使用同一账号，同一台计算机；没有定期对杀毒软件进行升级；登录网络没有开启防火墙等，都容易被计算机病毒入侵，导致重大的损失。因此，预防计算机病毒，首先要强化操作人员的安全防范意识，强化安全上网理念，开展计算机病毒的相关培训。

（2）对计算机系统和数据定期进行检查与备份。在用户使用计算机的过程中，无论有没有病毒的入侵，定期进行系统和数据的检查与备份都是必不可少的，否则，一旦发生系统崩溃或计算机病毒暴发，会给计算机操作者带来不可估量的损失，只有对计算机进行定期的检查，才能起到防范的作用。另外，计算机操作者要对计算机中的重要文件和数据利用 U 盘、移动硬盘或网络云盘等定期进行备份，避免计算机病毒入侵而造成重要文件损坏或丢失。

（3）定期对杀毒软件进行升级。一般来说，杀毒软件越新，查毒、防毒及杀毒的能力越强，能越好地杀除计算机中的大部分病毒。因此，在对计算机使用的过程中，要及时对防毒软件进行升级，这样才能更好地、最大限度地发挥其查杀病毒的作用。

（4）禁止文件共享，隔离被感染的计算机。为了防止其他计算机的病毒传染到自己的计算机上，计算机用户不要设置共享文件，关闭文件默认共享，在非共享不可的条件下，应设置密码或使用权限来限制他人对自己计算机中的文件进行存取，避免不法之徒有机可乘，也避免自己成为黑客攻击的目标。如果发现计算机已经受到病毒的入侵，要马上将网络中断，使用专业的杀毒软件对病毒进行查杀，并断开和其他计算机的连接，避免由于病毒的传染而导致更大损失。

（5）关闭计算机的自动播放功能。很多木马病毒通过移动硬盘和 U 盘进行传播，而系统的自动播放功能为病毒通过这些移动介质播放提供了便利，所以需要禁用自动播放功能。

（6）存储介质（光盘、U 盘、移动硬盘）接入计算机系统后应先杀毒。存储介质接入计算机后，可利用杀毒软件对其进行自定义扫描，如果有病毒，将其清理后再使用。另外，对于只读式光盘，由于不能进行写操作，因此光盘上的病毒不能清除，在对光盘进行病毒查杀的过程中如发现病毒，可直接将光盘取出后报废，不要在计算机中打开此光盘。

（7）关闭 Guest 账户。以管理员权限登录 Windows，在控制面板中关闭 Guest 账户，其他攻击者将无法通过来宾账户进入系统。

（8）关闭多余服务和端口。Windows 中集成了许多功能和服务，在很多领域得到应用，但是，有许多服务是普通用户用不到的，它们很可能会成为黑客和病毒攻击的靶子。端口是计算机提供不同服务的一种标志，计算机网络中通过端口结合 IP 地址来区分一台计算机提供的不同服务，开放端口会带来端口漏洞。

（9）打开网络防火墙。在未安装其他杀毒软件或防火墙软件时，可以使用 Windows 自带的网络防火墙，网络防火墙能防止木马等恶意程序访问网络。因此，一旦感染木马后，如果有网络防火墙就可以降低个人资料泄露的风险，也可防止非法者进入用户系统，从源头切断恶意攻击。启用网络防火墙后，攻击者将无法用 Ping 等命令来扫描系统的端口和漏洞。

二、信息安全

信息安全，ISO（国际标准化组织）的定义：数据处理系统建立和采用的技术、管理上的安全保护，为的是保护计算机硬件、软件、数据不因偶然和恶意的原因而遭到破坏、更改、泄露。

1. 网络信息安全威胁

网络环境中信息安全威胁如下：

（1）假冒：是指不合法的用户侵入系统，通过输入账号等信息冒充合法用户从而窃取信息的行为。

（2）身份窃取：是指合法用户在正常通信过程中被其他非法用户拦截。

（3）数据窃取：是指非法用户截获通信网络的数据。

（4）否认：是指通信方在参加某次活动后却不承认自己参与了。

（5）拒绝服务：是指合法用户在提出正当的申请时，遭到了拒绝或延迟服务。

（6）错误路由。

（7）非授权访问。

2. 网络信息安全指标

（1）保密性。在加密技术的应用下，网络信息系统能够对申请访问的用户展开删选，允许有权限的用户访问网络信息，而拒绝无权限用户的访问申请。

（2）完整性。在加密、散列函数等多种信息技术的作用下，网络信息系统能够有效阻挡非法信息与垃圾信息，提升整个系统的安全性。

（3）可用性。网络信息资源的可用性不仅是向终端用户提供有价值的信息资源，还能够在系统遭受破坏时快速恢复信息资源，满足用户的使用需求。

（4）授权性。在对网络信息资源进行访问之前，终端用户需要先获取系统的授权。授权能够明确用户的权限，这决定了用户能否对网络信息系统进行访问，是用户进一步操作各项信息数据的前提。

（5）认证性。在当前技术条件下，人们能够接受的认证方式主要有两种：一种是实体性的认证；另一种是数据源认证。之所以要在用户访问网络信息系统前展开认证，是为了令提供权限用户和拥有权限的用户为同一对象。

3. 信息安全新技术

（1）生物识别安全。作为一种新兴的技术，生物识别技术主要是利用每个人的身体特征各不相同且难以复制的优点进行信息认证和身份识别：随着近些年指纹识别、虹膜识别、视网膜识别、人脸识别等技术在生活中被广泛应用，生物识别技术越发受到人们重视。

1）指纹识别。生物识别技术中的指纹解锁是目前应用范围最广的一种，也是目前为止技术较为完善、安全性较为可靠的生物识别技术，目前主流的手机上都配置指纹识别功能，并且指纹解锁速度可以达到 0.2 S，十分迅速，同时，还支持多个指纹的录入和识别，技术已经相当完善。

2）人脸识别。在人脸识别领域中，生物识别技术同样保证了信息的安全。比如支付宝就提供了人脸识别登录选项，准确率也比较高。这一技术还会衍生出"刷脸支付"等新功能。但是相比指纹支付，刷脸支付由于安全性欠缺，目前还很难推广开，这需要人脸识别技术不断地突破。

3）虹膜识别。虹膜识别技术的生物基础和指纹识别的原理相同，人的虹膜具有唯一性，为实现信息认证、保障信息安全提供了理论基础。现实中也已经有电子厂商将这一技术运用到了实际产品当中，比如三星 S 系列的手机就配备了虹膜识别技术，但是虹膜识别目前对环境的要求比较高，尤其是在暗光环境下识别效果还有待提升，相比于指纹识别，虹膜识别在完成产业化的道路上还有很长的路要走。

在未来，生物识别技术将会被用于所有的准入与识别系统，让人们可以抛弃所有的外带、实物性质的卡片、证件等。比如身份证的取消，在需要识别身份的时候，只需识别指纹、人脸或虹膜等生物信息便可以实现。再如，生物识别技术全面应用到线下购物场景当中，比如超市消费不需要再通过手机支付宝、微信等媒介进行指纹支付，而是直接在超市收银台按指纹（人脸识别、虹膜识别）就可完成付款。甚至在未来，实体货币也将消失，取而代之的是将个人账户资金与生物识别技术结合，实现无纸币化购物、消费等。

（2）云计算信息安全。近年来，云计算在 IT 技术领域大放异彩，成为引领技术潮流的新技术。云计算的优势十分明显，可以通过一个相对集中的计算资源池，以服务的形式满足不同层次的网络需求。云计算规模化和集约化特性，也带来新的信息安全。

1）安全测试与验证机制。在云计算产品的开发阶段，针对安全进行专门的测试和验证必不可少，这对发现安全漏洞和隐患至关重要。现阶段，即便是针对传统软件产品的安全性测试，也非常困难，而云计算自身的独特环境又增加了安全性测试的挑战性，因此，当前学术界和产业界非常关注云计算环境。就目前来看，云计算的安全行测试与验证机制主要有增量测试机制、自动化测试机制及基于 Web 的一些专门测试工具。

2）认证访问和权限控制机制。云计算环境中的授权认证访问和权限控制机制是防止云计算服务滥用、避免服务被劫持的重要安全手段之一。这里主要从服务和云用户两个视角说明对云计算认证访问和权限控制机制的应用方式。

以服务为中心的认证访问和权限控制机制是对请求验证和授权的用户设置相应权限与控制列表来验证及授权。在进行认证访问和权限控制方面，对云计算用户采用联合认证的方式来对系统中的用户权限进行控制。为保证其安全性，需要将用户的相关信息交给第三方进行相应的维护与管理，这种方式能够很大程度上解决了用户的安全隐患问题。

3）安全隔离机制。在进行安全隔离机制处理的过程中，主要有两个方面的考虑：一方面是对云计算中用户的基础信息的安全性进行管理与保护，方便云计算服务提供商对云计算中用户的基础信息进行管理；另一方面是降低其他的对用户的行为进行的恶意攻击及一些误操作带来的安全隐患行为。

4）网络层次。云计算的本质就是利用网络将处于不同位置的计算资源集中起来，然后通过协同软件，让所有的计算资源一起工作，从而完成某些计算功能。这样在云计算的运行过程中，需要大量的数据通过网络传输，在传输过程中，数据私密性与完整性存在

很大威胁。云计算必须基于随时可以接入的网络，便于用户通过网络接入，方便地使用云计算资源，这使得云计算资源需要分布式部署路由，域名配置复杂，更容易遭受网络攻击。

（3）大数据信息安全。大数据发展过程中，资源、技术、应用相依相生，以螺旋式上升的模式发展。无论是商业策略、社会治理还是国家战略的制定，都越来越重视大数据的决策支撑能力。但也要看到，大数据是一把"双刃剑"，大数据分析预测的结果对社会安全体系所产生的影响力和破坏力可能是无法预料和提前防范的。例如，美国一款健身应用软件将用户健身数据的分析结果在网络上公布，结果涉嫌泄露美国军事机密，这在以往是不可想象的。

2018 年 7 月 12 日，在 2018 中国互联网大会上，中国信息通信研究院发布了《大数据安全白皮书（2018 年）》，在该白皮书中提到，大数据安全以技术作为切入点，梳理分析当前大数据的安全需求和涉及的技术，提出大数据安全技术总体大数据安全技术体系总体分为大数据平台安全、数据安全和个人隐私保护三个层次。

1）大数据平台安全技术。大数据平台逐步开发了集中化安全管理、细粒度访问控制等安全组件，对平台进行了安全升级。部分安全服务提供商也致力于通用的大数据平台安全加固技术和产品的研发。这些安全机制的应用为大数据平台安全提供了基础机制保障。

2）数据安全技术。数据是信息系统的核心资产，是大数据安全的最终保护对象。除大数据平台提供的数据安全保障机制之外，目前所采用的数据安全技术，一般是在整体数据视图的基础上，设置分级分类的动态防护策略，降低已知风险的同时，考虑减少对业务数据流动的干扰与伤害。对于结构化的数据安全，主要采用数据库审计、数据库防火墙，以及数据库脱敏等数据库安全防护技术；对于非结构化的数据安全，主要采用数据泄露防护技术。同时，细粒度的数据行为审计与追踪溯源技术，能帮助系统在发生数据安全事件时迅速定位问题，查缺补漏。

3）个人隐私保护技术。大数据环境下，数据安全技术提供了机密性、完整性和可用性的防护基础，隐私保护是在此基础上，保证个人隐私信息不发生泄露或不被外界知悉。目前应用最广泛的是数据脱敏技术，学术界也提出了同态加密、安全多方计算等可用于隐私保护的密码算法。

◀)) 小提示

　　大数据安全标准是保障大数据安全、促进大数据发展的重要支撑，加快大数据安全标准化的研究将尤为迫切。除完善相关体系、制度、标准外，加强大数据环境下网络安全问题的研究和基于大数据的网络安全技术的研究，落实信息安全等级保护、风险评估等网络安全体制也是解决信息安全问题的关键。

❯ 项目小结

本项目主要对计算机网络的概念、分类、拓扑结构、体系结构，计算机网络的组成，Internet 基础与应用，计算机病毒、网络信息安全等内容做了概括的介绍。在日常工作、学习、生活过程中，我们在享受网络带给我们的便捷的同时，应提高信息安全的防范意识，做好防范计算机病毒的软硬件措施，有效抵御网络信息安全的威胁。

❯ 课后练习

一、选择题

1. 下列叙述中，正确的是（　　　）。

　　A. 计算机病毒只在可执行文件中传染，不执行的文件不会传染

　　B. 计算机病毒主要通过读 / 写移动存储器或 Internet 网络进行传播

　　C. 只要删除所有感染了病毒的文件就可以彻底消除病毒

　　D. 计算机杀毒软件可以查出和清除任意已知的和未知的计算机病毒

2. 下列关于计算机病毒的说法中，正确的是（　　　）。

　　A. 计算机病毒是一种有损计算机操作人员身体健康的生物病毒

　　B. 计算机病毒发作后，将会造成计算机硬件永久性的物理损坏

　　C. 计算机病毒是一种通过自我复制进行传染，破坏计算机程序和数据的小程序

　　D. 计算机病毒是一种有逻辑错误的程序

3. 下列关于计算机病毒的叙述中，正确的是（　　　）。

　　A. 杀毒软件可以查杀任何种类的病毒

　　B. 扫描系统漏洞和安装系统补丁对于预防计算机病毒作用不大

　　C. 杀毒软件必须随着新病毒的出现而升级，提高查杀病毒的功能

　　D. 感染过计算机病毒的计算机具有对该病毒的免疫性

4. 下列（　　　）不属于预防计算机病毒的措施。

　　A. 禁用远程功能，关闭不需要的服务

　　B. 下载文件、浏览网页时选择正规的网站

　　C. 安装杀毒软件，并升级杀毒软件的病毒库

　　D. 一旦计算机感染病毒，就关闭计算机电源

5. 在一个办公室构建适用于 20 多人的小型办公网络环境，这样的网络环境属于（　　　）。

　　A. 城域网　　　　　B. 局域网　　　　　C. 广域网　　　　　D. 互联网

6. 某企业为了构建网络办公环境，每位员工使用的计算机上应当具备（　　　）设备。

　　A. 网卡　　　　　B. 摄像头　　　　　C. 无线鼠标　　　　　D. 双显示器

7. 下列（　　）是计算机网络最突出的优点。

　　A. 存储数据和高精度定位

　　B. 高精度计算和收发邮件

　　C. 资源共享和数据传输

　　D. 高速运算和快速反应

8. 下列（　　）不属于计算机网络的拓扑结构。

　　A. 星型　　　　　　B. 环型　　　　　　C. 总线型　　　　　　D. 圆型

9. 某企业为了建设一个可供客户在互联网上浏览的网站，需要申请一个（　　）。

　　A. 域名　　　　　　B. 门牌号　　　　　　C. IP 地址　　　　　　D. 邮编

10. 正确的 IP 地址是（　　）。

　　A. 192.169.1.12　　　B. 201.1.14　　　C. 201.1.1.1.14　　　D. 258.1.1.12

11. 在 Internet 中实现信息浏览查询服务的是（　　）。

　　A. DNS　　　　　　B. FTP　　　　　　C. WWW　　　　　　D. ADSL

二、实操题

1. 注册一个邮箱，利用邮箱给班级同学发送节日贺卡。

2. 利用 Internet Explorer 浏览器搜索 Photoshop 视频学习网站，并把这些网站添加到收藏夹中的 PS 文件夹中。

参 考 文 献

［1］全国计算机等级考试研究中心.全国计算机等级考试.全真考场.二级 MS Office 高级
应用［M］.北京：人民邮电出版社，2018.

［2］王华，肖祥林，任毅.信息技术基础与应用.上册［M］.北京：电子工业出版社出
版，2020.

［3］智洋.计算机应用基础［M］.北京：机械工业出版社，2021.

［4］孙二华，何志红.计算机应用基础［M］.北京：北京理工大学出版社，2018.

［5］顾沈明.计算机基础［M］.4 版.北京：清华大学出版社，2017.

［6］贾昌传.计算机应用基础（Windows 7+Office 2010）［M］.北京：人民邮电出版社，
2011.

［7］李畅.计算机应用基础（Windows 7+Office 2010）［M］.北京：人民邮电出版社，
2013.

［8］项立明，杨艳卉，李静.计算机应用基础项目教程（Windows 7+Office 2010）［M］.
北京：北京理工大学出版社，2014.

［9］柳青，沈明.计算机应用基础实验指导［M］.北京：高等教育出版社，2011.

［10］石忠.计算机应用基础［M］.北京：北京理工大学出版社，2015.

［11］雷建军，万润泽.大学计算机基础（Windows 7+Office 2010）［M］.北京：科学出版
社，2014.

［12］冯博琴，刘志强.大学计算机基础［M］.北京：高等教育出版社，2004.